Wilderich Tuschmann · Peter Hawig

Sofia Kowalewskaja

Sophie Kooslevn

Wilderich Tuschmann
Peter Hawig

Sofia Kowalewskaja

Ein Leben für Mathematik
und Emanzipation

1993 Birkhäuser Verlag
Basel · Boston · Berlin

Die Deutsche Bibliothek — CIP-Einheitsaufnahme

Tuschmann, Wilderich:
Sofia Kowaleskaja : ein Leben für Mathematik und
Emanzipation / Wilderich Tuschmann ; Peter Hawig . – Basel ;
Boston ; Berlin : Birkhäuser, 1993
    ISBN 3-7643-2882-7
NE: Hawig, Peter:

© 1993 Birkhäuser Verlag, Postfach 133, CH–4010 Basel, Schweiz
Umschlaggestaltung: Uli Kaiser, Freiburg
Printed in Germany
ISBN 3-7643-2882-7
987654321

Inhaltsverzeichnis

Für Johanna

Einführung: Motivationen und Intentionen

„Vor allem die mathematischen Wissenschaften zeichnen sich aus durch Ordnung,
Symmetrie und Beschränkung; und dies
sind die größten Formen des Schönen.“

Aristoteles: Metaphysik (M 3, 1078 b)

Paris, 24. Dezember 1888, 13 Uhr, großer Festsaal der Akademie der
Wissenschaften: Die russische Mathematikerin Sofia Wassiljewna Kowalewskaja, Professorin für Analysis an der Universität Stockholm,
erhält für einen zentralen Beitrag zur mathematischen Physik eine der
höchsten Auszeichnungen, die ihre Zunft zu vergeben hat: den Prix
Bordin. Das Preisgeld ist wegen der Bedeutung der Arbeit von 3000
auf 5000 fr. heraufgesetzt worden. Die Urkunde trägt die Unterschriften von Joseph Bertrand und Louis Pasteur. Die Preisverleihung ist das
Tagesereignis schlechthin. Lob und Preis, Artikel und Einladungen er-
gießen sich förmlich über die zierliche, unscheinbare Wissenschaftlerin.
Kowalewskaja, die erste Frau im Professorenrang, ist unzweifelhaft die
berühmteste Frau des Kontinents.

Um Gottes Willen!, mag mancher gutmütige Leser meinen, nach
Camille Claudel und Fanny Mendelssohn nun also eine Sofia Kowalewskaja, nach feministischer Literatur und feministischer Theologie
nun also auch noch eine feministische Mathematik? Vielleicht ist der
erwähnte Leser etwas entnervt von der verstärkt aufgerollten „Frauenfrage“, von Frauenquoten, Frauenparkplätzen, Frauenhotels, Frauenor-
chestern und Gleichstellungsbeauftragten und meint, es sei nun genug
über dieses Thema geredet worden. Wenn nun aber unser gutmüti-
ger Leser eine Leserin ist, mag es ihr Selbstverständnis unangenehm
berühren, daß ausgerechnet zwei Männer sich der also gerühmten russischen Dame angenommen haben, die nicht das richtige „Feeling“ für
speziell weibliche Problemlagen entwickeln könnten.

Es ist also wieder einmal gar nicht so einfach, der Forderung des
alten Ranke gerecht zu werden, einfach nur zu schreiben, „wie es eigentlich gewesen“. Darum ist vorliegende Biographie auch nur eine Annähe-
rung an eine der schillerndsten Persönlichkeiten aus dem Geistesleben
der zweiten Hälfte des 19. Jahrhunderts. Denn Kowalewskaja war nicht
nur Mathematikerin, sondern auch Journalistin und Schriftstellerin, deren *Jugenderinnerungen* endlich den ihnen gebührenden Platz in der
russischen Literaturgeschichte erhalten sollten. Sie hat ihren sehr speziellen Beitrag zur Frauenemanzipation geleistet und sich, im weitesten
Sinne, auch politisch betätigt. Ihre Erfolge sind ebenso typisch für ihre
Zeit wie die Tatsache, daß sie selbst ihr Leben am Ende als gescheitert

ansah, weil sie mehr das betrachtete, was zugegebenermaßen Fragment geblieben war, als das, was sie den Zeitumständen abgetrotzt hatte. Produkt, Widerpart und Opfer ihrer Zeit, ist ihr Leben in mehr als einer Hinsicht paradigmatisch und lohnt der Nachzeichnung.

Seit Sofia Kowalewskaja vor über 100 Jahren in Stockholm starb, hat es keine einzige deutschsprachige Biographie über sie gegeben. Das Gros der Literatur ist auf russisch und englisch, zum geringeren Teil auch auf französisch und schwedisch erschienen. Außer Übersetzungen aus diesen Sprachen und kleineren Aufsätzen hat der deutsche Sprachraum nur den schmalzigen und auch in anderen Hinsichten problematischen Roman der Clara Hofer von der „Geschichte einer geistigen Frau" hervorgebracht. So ist der nachfolgende Text zunächst nicht mehr als eine Sichtung der vorliegenden Materialien, ergo nicht mehr als ein Einstieg. Spezielle Archivstudien darf man von ihm nicht erwarten.

Wir versuchen, einen Überblick über die vielen Facetten von Kowalewskajas Lebens- und Umwelt zu geben, aber auch in ihre mathematischen Arbeiten einzuführen, denn sie verbrachte einen großen Teil ihres Lebens mit der Produktion und — später, als Dozentin — mit der Vermittlung von Mathematik.

Eine Biographie, die dem Anspruch auf Vollständigkeit gerecht werden will, muß also auch ihren wissenschaftlichen Werdegang sowie die Inhalte ihrer Tätigkeit in Forschung und Lehre vor dem mathematikgeschichtlichen Hintergrund des späten 19. Jahrhunderts nachzeichnen.

So weit, so gut. Doch bei der Umsetzung dieses Gemeinplatzes in eine auch für Nichtmathematiker verständliche Biographie zeigen sich sogleich ernsthafte Schwierigkeiten: Denn in noch höherem Maße als andere Wissenschaften ist die Mathematik für die meisten Menschen noch immer das vielbemühte „Buch mit sieben Siegeln".

Dies liegt einerseits an einem reinen Kommunikationsproblem: Das Erlernen der Sprache der Mathematik, in der sie sich ausdrückt und mitteilt, ist ein langwieriger Prozeß, der Jahre dauert.

Doch mit dem „Fachchinesisch" allein ist es nicht getan, denn die mathematische Sprache unterscheidet sich auch qualitativ von derjenigen anderer Wissenschaften: Dort sind nämlich, wenn auch vielleicht in sehr allgemeiner Form, die grundsätzlichen Inhalte, das heißt die Gegenstände der Untersuchung, gegeben, und die dort verwendete Fachsprache ist somit lediglich ein Mittel zum Zweck: Sie dient ausschließlich der Differenzierung und Präzisierung dieser Inhalte.

So geht der Fachmann angewandter Naturwissenschaften von der Existenz der uns umgebenden physikalisch — materiellen Welt aus, der

Historiker von stattgehabten Ereignissen, der Philologe von Textpro-
dukten, der Anatom von der Existenz des menschlichen Körpers, der
Philosoph — mit Vorbehalt — vom Menschen und seinem Dasein in
der Welt.

Die Mathematik jedoch schafft mit ihrer Sprache erst ihre Inhalte, was oft dazu führt, daß viele mathematische Objekte und Theorien
von Nichtmathematikern bestenfalls als „l'art pour l'art" aufgefaßt werden können. Das soll nicht heißen, daß die Mathematik ihren Ursprung
nicht in Problemen des täglichen Lebens wie etwa dem Zählen oder den
Bedürfnissen des Häuserbaus oder der Landvermessung hatte; auch läßt
sich nicht leugnen, daß es viele mathematische Theorien gibt, die für
die Natur- und Ingenieurwissenschaften heute unentbehrlich sind, und
andere, die Eingang in die Geistes-, Sozial- und Wirtschaftswissenschaf-
ten gefunden haben. Doch Kowalewskajas Mathematik, um die es hier
schließlich gehen soll, ist (wie ein großer Teil der Mathematik schlechthin!) über weite Strecken nicht mehr durch physikalisch — technisch —
gesellschaftliche Fragestellungen motiviert, sondern findet ihren Nutzen
ausschließlich auf rein innermathematischem Gebiet, also in der Anwendung auf andere Teile der Mathematik allein.

Deshalb ist der Zugang zu ihr (erst recht ihre Würdigung!) für
Nichtmathematiker besonders schwer. Und deswegen läßt sich diesem
Leserkreis weder leicht erklären, worin ihre Erkenntnisse nun eigentlich
genau bestehen, noch „wofür sie überhaupt gut" sind.

Angesichts dieser und der oben geschilderten Problematik haben
wir für die Darstellung und Evaluierung ihrer mathematischen Resultate einen besonderen Weg gewählt: Die Kapitel vorliegender Arbeit, die sich speziell mit Kowalewskajas wissenschaftlichen Ergebnissen
beschäftigen, weisen eine Zweiteilung auf: Auf die möglichst allgemein-
verständliche, deskriptive und erläuternde Besprechung eines jeweiligen Resultats (die auch darauf achtet zu erklären, „wofür es überhaupt
gut" ist) folgt ein weiterer Teil, der für Leser mit mathematischen Vor-
kenntnissen gedacht ist und wesentliche Aspekte des ersten Teils noch
vertieft, um so eine möglichst umfassende Würdigung zu ermöglichen
und nicht zuletzt eventuell auch einige Interessen des über die Schule
hinaus fachlich Gebildeten stillen zu können, von Nichtmathematikern
jedoch übersprungen werden kann. Die ganze Komplexität Kowalewskajas wird aber natürlich nur der Gesamttext deutlich machen, beste-
hend aus Lebensbeschreibung und doppelt gestaffelter wissenschaftlicher Standortbestimmung.

Komplex ist der Werdegang, den wir zu verfolgen haben, in der
Tat. Und es ist ein weiter Weg bis zu jenem strahlenden Weihnachtstag
1888 im großen Festsaal der Pariser Akademie der Wissenschaften für

die ferne Nachfahrin des Marcus Valerius Messalius, des Matthias Corvinus, deutscher Pastoren, deutscher Akademiemitglieder von Petersburg — und einer Zigeunerin! Es wurde nicht an ihrer Wiege gesungen,
daß einmal ein Asteroid (G 1859) und ein Berg auf der Rückseite des
Mondes nach ihr benannt sein würden ...

Abstammung. Jugendzeit in Rußland (1850–1869)

Sofia Wassiljewna Kowalewskaja stammte aus einer Familie des russischen Landadels, die sich ab 1858 Korwin-Krukowskij nannte.

Die väterliche Linie reichte, nach der Familiensaga, bis auf den römischen Feldherrn Marcus Valerius Messalius (um 340 v. Chr.) zurück, dem angeblich ein blinder Rabe (lat. „corvinus") in einem Zweikampf mit einem Gallier zum Siege verhalf. Einer seiner fernen Nachfahren, Johann Corvinus, siedelte auf rumänischem Gebiet, und dessen Sohn wiederum war Matthias Hunyadi, Matthias Corvinus (1440 bis 1490), der berühmte König von Ungarn, der Freund der Wissenschaften und Künste, der sein Land erheblich vergrößert hat, der Kämpfer gegen die Türken und Sieger über Kaiser Friedrich III. Eine seiner Töchter heiratete einen Krukowskij aus Groß-Polen, wo diese Familie seit 1233 ansässig war.

Wieviel Wahres an der Corvinus-Saga nun auch sein mag — auf jeden Fall trugen die Korwin-Krukowskijs mit Stolz einen Raben im Wappen. Mehr hinter vorgehaltener Hand überlieferte die Familie die Mär von der Zigeunerin, die sich in die spätere Abstammungslinie des Matthias Corvinus eingeschlichen habe. Sofia dagegen hat später oft mit einem gewissen Stolz auf diese außerplanmäßige Vorfahrin verwiesen und mit ihr ihre zeitweilige Wildheit und ihr unstetes Wesen zu begründen versucht.[1]

Ihr Vater, Wassilij Wassiljewitsch Korwin-Krukowskij (1800 bis 1875), hatte eine Armeekarriere hinter sich. 1817 Kadett, arbeitete er sich bis 1848 zum Kommandanten der Moskauer Artilleriegarnison und Hauptmann der Feldartillerie empor. 1828–1830 nahm er am Krieg gegen die Türken teil und kehrte ordensgeschmückt wieder heim. 1858, im Jahr der erwähnten Namensannahme, ging er als Generalleutnant, dem zweithöchsten von insgesamt vierzehn militärischen Rängen, in den Ruhestand und übersiedelte auf seinen Landsitz Palibino in der westlichen Grenzprovinz Witebsk. Ab 1863 bekleidete er hier das gleichermaßen ehrenvolle wie schwierige Amt des Adelsmarschalls.

Dieses entsprach in etwa dem des preußischen Landrats unter Friedrich II. Adelsmarschälle vertraten ihre Standeskollegen, die russische Gentry, vor der Zentralregierung in St. Petersburg. Sie verwalteten gemeinsame Vermögenswerte, standen den Gentry-Versammlungen vor, saßen in einer Fülle von Ausschüssen (etwa zur Organisation des Militärdienstes) und vermittelten bei Streitigkeiten der Herren mit ihren

Bauern. Sie sorgten für die Straßen und die Post, für Feuerwehr, Vorratsspeicher und Steuererhebung. Durch Alexanders II. Verwaltungsreform wurden sie auch Präsidenten der Zemstwos, der aus Adel, Bauern und Stadtbürgern zusammengesetzten Provinzialversammlungen — und alles das ließ in den stürmischen 60er Jahren dieses Amt zu einer Bürde werden.[2]

Noch in der Revolution von 1848/49, durch die ganz Kontinentaleuropa erschüttert worden war, hatte sich Rußlands Zar Nikolaus I. als „Gendarm Europas" aufspielen können. Scheinbar unberührt von den sozialen Turbulenzen anderer Gesellschaften, stand das russische System als „Hort der alten Ordnung" da: Selbstherrschaft, „Autokratie" des Zaren über eine Gesellschaft, die geprägt war von dem Millionenheer leibeigener und meistenteils sehr elender Bauern und einem Adel, der teilweise kaum das Nötigste zum Leben hatte, teilweise aber auch an den höchsten Verfeinerungen europäischer Stadtkultur teilhatte.

Dieses System aber war starr. Es stand der Entwicklung einer flexiblen Geldwirtschaft und der notwendigen Industrialisierung genauso entgegen wie den zeitgemäßen Forderungen nach breiter politischer Mitbestimmung und staatsbürgerlicher Mündigkeit. Wie wenig der Anspruch eines „Gendarmen Europas" letztlich gerechtfertigt war, zeigte der verlorene Krimkrieg (1853–1856) gegen die Türkei, England und Frankreich. Die Westmächte verhinderten eine Vormundschaft Rußlands über die Türkei und erzwangen sogar die Neutralisierung des Schwarzen Meeres. Nikolaus I. starb über dem Krieg (1855), und es blieb seinem Sohn Alexander II. vorbehalten, die Schlußfolgerungen aus der Niederlage zu ziehen: Modernisierung der inneren Organisation, der Verwaltung, des Justizwesens, Verbesserung der Versorgungswege und Informationsstränge, Beseitigung der Leibeigenschaft vor allem.

Denn diese war nicht nur ein „moralischer Skandal" (nach mindestens 100 Jahren Aufklärung), sondern auch ein schwerwiegendes Hindernis auf dem Weg zu liberaler Wirtschaftsordnung, und diese bedeutete in den Augen der Reformer rund um den Zaren technisch-industriellen Fortschritt und steigenden Konsum. Auch die Korwin-Krukowskijs wurden von den tiefgreifenden materiellen und geistigen Umwälzungen dieser einzigartigen Epoche russischer Geschichte hautnah betroffen.

1843 hatte Wassilij Wassiljewitsch die 20 Jahre jüngere Elisaweta Fedorowna Schubert geheiratet. Deren Vorfahren sind weniger sagenumwoben, dafür um so plastischer greifbar. Wie der Name andeutet, stammte diese mütterliche Linie aus Deutschland. Der Urgroßvater Elisawetas war der Braunschweiger evangelische Theologe Johann Ernst Schubert (gest. 1774) gewesen, den es im 7jährigen Krieg nach Po-

merellen verschlug und der ab 1764 eine Theologieprofessur in Greifs-
wald innehatte. Sein Enkel Fedor Fedorowitsch, auf den wir weiter unten noch eingehen werden, weiß in seinem Erinnerungsbuch über einen
berühmten Zeitgenossen des Großvaters zu moralisieren:

„Abt von Loccum war zur selben Zeit der Abt Jerusalem, ein
Freund meines Großvaters, der eine so traurige Zelebrität durch den
Tod seines Sohnes erworben hat; dieser nichtsnutzige junge Mensch, der
sich wie ein Narr in Wetzlar totschoß und von dem ordentliche Leute
eigentlich gar nicht reden sollten, hat nämlich den großen Goethe so
begeistert, daß er mit ihm, unter dem Namen Werther, halb Deutschland verrückt gemacht und auch ein paar Schafsköpfe gefunden hat, die
dem edlen Beispiele gefolgt sind."[3]

Eins der elf Kinder Schuberts wanderte nach Reval aus und wohnte seit 1787 in Petersburg. Fedor Iwanowitsch Schubert (1758 bis 1825)
machte sich einen Namen als Amateurmathematiker und -astronom
(obwohl er studierter Theologe und Orientalist war) sowie als Korre-
spondenzpartner von Gauß und Laplace. Entsprechend brachte er es
bis zum Mitglied der ebenso ehrenwerten wie trinkfesten Akademie der
Wissenschaften in Petersburg — ein Paradebeispiel für jene berühmte
„deutsche Kolonie" im Petersburg Katharinas der Großen.

Diese „deutsche Kolonie", die es schon gab, als Moskau noch
die Hauptstadt war, hat in der russischen Geistes- und Wirtschafts-
geschichte eine nicht unbedeutende Rolle gespielt. Wenn Moskau das
Herz Rußlands war — und als solches wurde es immer auch emotional empfunden —, so waren in St. Petersburg seine Sinne und sein
Verstand beheimatet.

Hier war Rußlands „Tor zur Welt", hier war schon 1818 jeder neunte Einwohner ein Ausländer; und zwei Drittel aller Ausländer waren um
1850 Deutsche: Handwerker zumeist, die ein ausgeprägtes Eigenleben
führten, aber auch Ärzte, Apotheker und Wissenschaftler, und diese
Gruppe assimilierte sich nach und nach ihrer russischen Umgebung,
erlangte Ansehen, Einfluß und Posten.

Fedor Iwanowitschs Sohn Fedor Fedorowitsch (1789–1865) machte
Karriere im Generalstab und zeichnete sich in den napoleonischen Krie-
gen aus. Möglicherweise gehörte er zu den Aufständischen von 1825, den
sogenannten „Dekabristen".

Liberal-revolutionäre Offiziere hatten die unklare Thronfolgesi-
tuation beim Tode Zar Alexanders I. ausgenutzt, um wahrhaft un-
erhörte Forderungen zu stellen: Einschränkung der Autokratie, Aufhebung der Leibeigenschaft (schon damals!). Die Bewegung, Ausfluß
der starren Reaktionsära der „Heiligen Allianz", die nach dem Wiener
Kongreß 1815 auf Europa lastete, ergriff auch zivile Teile des Adels,

und Nikolaus I. begann seine Regierung mit einem halben Dutzend Todesurteilen und der Verschickung Hunderter von Verschwörern nach Sibirien.[4]

Ob Fedor Fedorowitsch Sympathisant der Dekabristen war oder nicht, ist weniger entscheidend als die Tatsache, daß man es ihm zutraute. Hier wird ein wichtiges Charakteristikum deutlich: Die Familie Kowalewskajas war nie reaktionär (auch ihre konservativen Vertreter nicht), sie war sogar ausgesprochen liberaler Anwandlungen fähig, allerdings gehörte sie auch nicht zu den führenden Kreisen der gesellschaftlichen Umgestaltung. Sofias revolutionär denkende Schwester ist die Ausnahme, die die Regel bestätigt. Sofia selbst wird, was politische Vorgehensweisen anbelangt, stets dem Pfad ihres Großvaters folgen: Sympathisantin liberaler und gar revolutionärer Ideen wird sie stets sein, eine aktive Rolle beim Versuch gesellschaftlicher Umwälzung aber nicht spielen.

Der Großvater hat lesenswerte Erinnerungen über das alte Petersburg hinterlassen[5] (wir haben sie eben in anderem Zusammenhang zitiert). Seine geheime Liebe gehörte der Geodäsie, Kartographie und Astronomie, worüber er in einem französisch geschriebenen Buch Zeugnis ablegte. Fedor Fedorowitsch war Ehrenmitglied der oben genannten Akademie. Er hatte einen Sohn; die älteste seiner drei Töchter war Elisaweta, Sofias Mutter.

Man sieht, die Abstammungslinie[6] der späteren Prix-Bordin-Preisträgerin geht auf sehr weitverzweigte Wurzeln zurück, hat aber einen eindeutigen Schwerpunkt bei den Offizieren und Naturwissenschaftlern.

„Meine Leidenschaft für die Wissenschaft habe ich von meinem Vorfahren Matthias Corvinus, dem ungarischen König, geerbt; meine Liebe zur Mathematik, Musik und Dichtkunst vom Großvater meiner Mutter, dem Astronomen Schubert; meine Liebe zur Freiheit von Polen; meine Liebe zum Umherschweifen und meine Unfähigkeit, der anerkannten Tradition zu gehorchen, von meiner Zigeuner-Urgroßmutter; und alles übrige verdanke ich Rußland."[7]

Nach einer Zwischenetappe in Kaluga, wohin der Vater versetzt worden war, knüpften sich Sonjas eigentliche Kindheitserinnerungen an den erwähnten Landsitz in Palibino, wo die Familie seit 1858 residierte und jenes Leben führte, das Dostojewskij und Turgenjew in ihren Romanen über den vorrevolutionären (Provinz-)Adel unsterblich gemacht haben.

„Wie aus der Literatur des 19. Jahrhunderts deutlich genug hervorgeht, war es eines der Hauptprobleme der Gutsbesitzer, des Le-

bensüberdrusses Herr zu werden, der sie bedrohte auf ihren einsamen
Gütern, die über ein Land verstreut waren, das für seine schlechten Ver-
kehrswege berüchtigt war. Viele, wenn auch nicht alle, fanden Zerstreuung in der einen oder anderen Form des öffentlichen oder militärischen
Dienstes, zu der sie herangezogen wurden, so daß sie, zumindest in den
aktiveren Lebensabschnitten, von zu Hause wegkamen. Aber viele zogen sich früh in den Ruhestand zurück, womöglich in der Hoffnung,
nunmehr das Leben eines zufriedenen Nichtstuers zu führen — was
gewöhnlich in unerträgliche Langeweile ausartete. Der schottische Rei-
sende Mackenzie Wallace erzählt von einem russischen Landedelmann,
der, wenn er sich nicht mehr anders zu helfen wußte, seine Diener zur
nächsten Straße schickte, wo sie einem Reisenden auflauern und ihn
zwangsweise ihrem Herrn vorführen mußten, der ihn dann oft erst nach
mehreren Tagen aus seiner trunkenen Geselligkeit entließ. Doch ... muß
... auch gesagt werden, daß dieser Landadel andererseits ebenso reich
an versöhnenden Tugenden war wie jede nicht — arbeitende Klasse in
jedem beliebigen anderen Land auch. Abgesehen davon, daß viele seiner
Angehörigen ihrem Land selbstlose und hervorragende Dienste leisteten, verdankt ihm die Welt nahezu alle großen russischen Schriftsteller
und Komponisten und ebenso einen Großteil der Wissenschaftler und
Gelehrten des Landes. Und man sollte auch nicht vergessen, daß der
Adel trotz seiner allgemeinen Tendenz, sich der Autokratie unterzu-
ordnen, zahlreiche rebellische Individuen hervorgebracht hat: die Hee-
resoffiziere, die den oben erwähnten mißlungenen Putsch inszenierten,
gehörten ebenso dem Landadel an wie einige herausragende Vertreter
und Theoretiker des politischen Radikalismus wie Bakunin ..."[8]

Dieser russische Landadel zerfiel im zweiten Drittel des 19. Jahrhunderts, grob gesagt, in drei Gruppen. Die Spitzengruppe besaß mehr
als 500 Leibeigene, und da sie hohe Posten bei Hofe und in der Verwaltung einnahm, war sie selten auf ihrem Landbesitz zu finden. Am anderen Ende der Skala, mit über 80 % die zahlreichste Gruppe, waren die
Kleinbesitzer mit weniger als 100 Leibeigenen, letztlich arme Schlucker,
die zum Teil gar kein Land besaßen — und wenn, dann waren sie im
Lebensstandard von einem Bauern kaum zu unterscheiden. Es ist die
Gruppe zwischen diesen beiden Extremen, die die eigentliche Gentry
ausmacht und die den Inbegriff des vorrevolutionären russischen Pro-
vinzadels bildet: jene 17 % Landbesitzer mit 100 bis 500 Leibeigenen,
die genügend Wohlstand aus ihrem — lebenden und toten — Besitz
zogen, aber nicht bedeutend genug waren, um Zugang zum Hofe zu
erhalten.

Diese Adligen waren mit ihrem Grund und Boden fest verwurzelt
und unterhielten mit ihren Leibeigenen vielfältige persönliche Kontak-

te. Gleichzeitig standen diese „Pomeschtschiki" aber auch in höheren
staatlichen Diensten und hatten eine Kadetten-, wenn nicht Univer-
sitätsausbildung.[9]

Wassilij W. Korwin-Krukowskij ist das Musterexemplar eines solchen Landadeligen: Seine ca. 300 Leibeigenen[10] postieren ihn genau
in die Mitte seiner sozialen Schicht; in nichts weichen sein Lebensweg,
seine gemäßigt konservative Haltung vom Durchschnitt seiner Standesgenossen ab. Übrigens zeichnet sich die ganze Provinz Witebsk, in der
er zu Hause ist, in solcher Durchschnittlichkeit aus. Das Standardwerk
von Emmons[11] über die Gentry zur Zeit der Aufhebung der Leibeigenschaft nennt Witebsk nur in Marginalien. Weder durch besonders
reaktionäre noch durch besonders progressive Ideen ist man hier im
Umkreis der Reform von 1861 aufgefallen.

Der Landsitz Palibino lag 280 Meilen südlich von Petersburg und
umfaßte 5940 Morgen Land. Mit den 3780 Morgen des zweiten Besitzes,
Moschino, besaß der General Korwin-Krukowskij überdurchschnittlich
viel Grund und Boden. In Palibino gab es Schafe und Vieh, eine Wod-
kadestillerie, ein Räucher-, ein Kühl- und ein Badehaus, eine Werk-
statt, ein kleines Krankenhaus; angebaut wurden Roggen, Weizen und
Buchweizen, Obst und Gemüse; es gab Harze und Holzkohle, Seen mit
Fischen.[12] Sofias Stuttgarter Kusine Sophie von Adelung überliefert in
ihren Erinnerungen an die berühmte Verwandte Briefe aus den 60er
Jahren, die eine zu Gast in Palibino weilende und dankenswerterweise
sehr schreibfreudige Tante[13] nach Württemberg heimschrieb. Sie gibt
ein eindrückliches, zugleich kritisches Bild des Landsitzes.

„Das Land ist äußerst malerisch, die hübschen Hügel, von fri-
schem Grün bekleidet, sowie die Roggenfelder mit ihrem wogenden
Aehrenmeer heben sich ganz reizend von dem dunklen Hintergrunde
der Wälder und der Baumgruppen ab. ... Ueberhaupt, wenn man etwas
an dem „Schlosse von Palibino", wie es die Nachbarn nennen, aussetzen
will, so ist es seine zu weitläufige Bauart. Das Haus ist so geräumig, daß
man müde wird, ehe man es durchschritten hat, und die Glieder der
Familie sind immer in den verschiedensten Theilen des Hauses zerstreut
und vereinigen sich fast nur zu den Mahlzeiten. Die Empfangszimmer
sind oben und zeichnen sich in mancherlei Hinsicht durch großen Luxus
aus: die Räume sind sehr groß, mit schönem Parket, die Fenstersimse
aus Marmor und die Möbel für ein Landhaus von vollkommener Eleganz. Die Aussicht von den Balkonen ist entzückend. Vor dem Hause,
welches auf einer Anhöhe liegt, breitet sich ein ziemlich großer See aus,
auf einer Seite durch eine schattige Allee, auf der andern durch viele
Wiesen und Felder begrenzt. ... In einiger Entfernung des Hauses, jenseits des Gartens, liegt eine Gruppe von einzelnen Häuschen, ... Dort

wohnen der Verwalter, der Haushofmeister, der Gärtner und andere
Bedienstete. Dort sind auch die Remisen. Die Kutscher und verheira-
theten Dienstboten bewohnen den Souterrain unseres Flügels. Sowohl
seiner Ausdehnung nach als der Anzahl seiner Bewohner ist Palibino ein
wahres Schloß, und wenn die Besitzer es verstanden hätten, mit seiner
Größe und dem in ihm herrschenden Luxus etwas mehr Ordnung und
Sorgfalt in den Einzelheiten zu verbinden, wäre es wirklich ein fürstli-
cher Sitz; in seinem jetzigen Zustande ist es jedoch nur das Haus eines
reichen und indolenten Bàrin."[14]

Mit ihren *Jugenderinnerungen* hat Kowalewskaja ein poetisches
Juwel hinterlassen, das ihrem Namen auch ohne ihre mathematischen
Leistungen einen Ehrenplatz in der russischen Geistesgeschichte des 19.
Jahrhunderts garantierte. In dem Kapitel „Palibino", das in der deutschen Ausgabe[15] leider fehlt, findet der Leser eine wundervolle Liebes-
erklärung der erwachsenen Frau an die unauslöschliche Prägung durch
die russische Heimat.

Da war der große, scheinbar undurchdringliche Nadelwald mit seinen wilden Bären und Gnomen, den man nicht unbestraft alleine be-
trat, der aber zum unvergeßlichen Erlebnis wurde, wenn eine ganze
Heerschar von Bediensteten und Kindern zur Erdbeer- oder Pilzernte
ausrückte. Schon die Fahrt war ein Abenteuer, mit dem Zwischenhalt
bei dem geheimnisvollen Förster, einem 70jährigen Altgläubigen. Und
dann die Atmosphäre!

„Der Untergang der Sonne stand kurz bevor. Ihre schrägen Strah-
len glitten zwischen die nackten Stämme und tauchten sie in Ziegel-
farbe. Der kleine Waldsee, zwischen ganz flachen Böschungen gelegen,
war so unnatürlich ruhig und bewegungslos, daß er verzaubert schien.
Sein Wasser war ganz dunkel, fast schwarz, bis auf einen hellen, kar-
mesinroten Punkt, der wie ein blutiger Fleck leuchtete."

Der kleine Bruder Fedor akklamiert Sofia als Königin der Zigeuner:

„Auch die Gouvernante mußte seufzend gestehen, daß ich einem
Zigeunermädchen ähnlicher sah als einer wohlerzogenen jungen Dame.
Aber wenn die Gouvernante nur gewußt hätte, wieviel ich in diesem
Augenblick darum gegeben hätte, wirklich in eine Zigeunerin verwandelt
zu werden. Dieser Tag im Wald hatte in mir so viele wilde, nomadische
Instinkte geweckt. Ich wollte nie wieder nach Hause gehen; ich wollte
den Rest meines Lebens in diesem entzückenden, wunderbaren Wald
verbringen. Solche Träume, solche Phantasien von fernen Reisen und
wundersamen Abenteuern wimmelten in meinem Kopf ..."

Im Winter senkte der Schnee eine fast undurchdringliche Decke
auf die weite Ebene von Witebsk, und das die Kinder erschauern machende Heulen der Wölfe drang bis in den abendlichen Familienfrieden
der geheizten Stube. Selten ist der russische Winter so poesievoll be-
schworen worden.

> *„Es war eine herrliche Winternacht. Der Frost war so scharf, daß
> er uns schier den Atem nahm. Obwohl der Mond nicht herausgekommen
> war, gab es Licht durch die Unmengen von Schnee und die Myriaden
> Sterne, die wie große Nägelköpfe die ganze Ausdehnung des Himmels
> besetzten. Ich glaubte, daß ich niemals vor dieser Nacht so strahlende
> Sterne gesehen hatte. Sie schienen sich ihre Strahlen wie Bälle zuzu-
> werfen, und jeder leuchtete wunderbar, jetzt in einem glänzenden Stoß
> aufflammend, dann wieder für einen Augenblick verdämmernd.*
>
> *Schnee, Unmengen von Schnee überall, ganze Berge von Schnee,
> die alles bedeckten und einebneten. Die Terrassenstufen waren über-
> haupt nicht mehr zu sehen. Man bemerkte gar nicht mehr, daß die Ter-
> rasse höher lag als der umgebende Garten. Alles war nun verwandelt
> in eine ganz weiße Ebene, die unmerklich eins wurde mit dem zugefro-
> renen See.*
>
> *Aber noch ungewöhnlicher war das Schweigen in der Luft, eine
> tiefe, ungebrochene Stille."*[16]

Mit Palibino verbanden sich die Erinnerungen ihrer frühen Tage, auch wenn sie noch in Moskau geboren worden war, am 15. Januar (gregorianischen Kalenders) 1850 als Sofia Wassiljewna Korwin-
Krukowskaja. „Sonja", so wurde sie schon bald, und zwar bis an ihr
Lebensende, genannt, war das mittlere von drei Kindern und fühlte sich
als solches früh von den Eltern vernachlässigt. Die sechs Jahre ältere
Schwester Anjuta, lebhaft, frühreif, attraktiv, schien ihr die intelligen-
tere und schönere, die vom Leben bevorzugte, die ihr immer meilenweit
voraus war, und der 1855 geborene Fedor war als Junge und Erbe eh im
Vorteil. Seit frühester Kindheit hat Sonja das Gefühl, *„daß ich nicht zu
den Lieblingen gehörte"*, und unseligerweise verstärkte die Kinderfrau,
die einen Narren an ihr gefressen hatte, diese Auffassung: Sie sei *„nicht
zur gelegenen Zeit geboren."*[17] Trotz der behüteten Umgebung aus 25
bis 30 (meist leibeigenen) Domestiken[18], trotz Kinderfrau, Gouvernante und Hauslehrer war Sonja *„überhaupt auf dem Wege, ein nervöses,
kränkliches Kind zu werden"*[19], eine in sich verschlossene Stubenhocke-
rin mit gelegentlichen vulkanartigen Temperamentsausbrüchen.

An Feder Fedorowitsch Schubert, einem Onkel mütterlicherseits,
hing sie in einer *„Art von kindlicher Verliebtheit"* so sehr, daß der

Besuch des Nachbarmädchens Olga eines schönen Tages die gewohnte Zweisamkeit, *„ihn ganz für mich allein"* zu haben, stört.

„Es kam mir vor, als hätte mir jemand etwas mir allein Gehören-des, Unantastbares und Teures geraubt.

‚Nun, Sonja, willst du auf meinen Schoß kommen!' sagte der On-kel, der meine üble Laune gar nicht zu bemerken schien.

Ich fühlte mich jedoch so beleidigt, daß dieser Vorschlag mich auch nicht milder stimmte.

‚Ich will nicht!' erwiderte ich böse und schmollte. Der Onkel sah mich erstaunt, doch lächelnd an. Ob er erriet, welches eifersüchtige Gefühl meine Seele bewegte oder ob er mich necken wollte, weiß ich nicht — er wandte sich zu Olga und sagte: ‚Also, wenn Sonja nicht will, setze du dich zu mir auf den Schoß!'

Olga ließ sich das nicht zweimal sagen, und ehe ich noch überlegte und fassen konnte, was geschehen war, war sie auch schon auf Onkels Schoß geklettert. Das hatte ich nun gar nicht erwartet. Es war mir nicht in den Sinn gekommen, daß die Sache eine so schreckliche Wendung nehmen könnte.

Ich war zu bestürzt, um Einspruch erheben zu können. Ich schwieg und sah mit weit aufgerissenen Augen meine glückliche Freundin an, und sie saß, ein wenig verlegen zwar, aber sehr vergnügt auf meines Onkels Schoß, wie wenn es sich so gehörte. Ihr kleines Mündchen drol-lig verziehend, bemühte sie sich, ihrem runden, kindlichen Gesichtchen den Ausdruck von Ernst und Aufmerksamkeit zu geben. Sie war ganz echauffiert, sogar der Hals und die nackten Arme waren gerötet.

Ich sah sie lange an und plötzlich — ich schwöre, ich weiß noch heute nicht, wie es geschah — ereignete sich etwas Entsetzliches. Gera-de als hätte mich jemand gestoßen und ohne zu wissen, was ich tat, mir selbst ganz unerwartet, grub ich plötzlich meine Zähne in ihren nack-ten vollen Arm oberhalb des Ellenbogens und biß so heftig zu, daß er zu bluten anfing.

Mein Überfall geschah so plötzlich, so unerwartet, daß wir alle drei im ersten Augenblick wie versteinert waren und einander nur schwei-gend anstarrten. Dann weinte Olga plötzlich auf, und das brachte uns zur Besinnung.

Scham, bittere verzweifelte Scham überfiel mich. Ich lief Hals über Kopf aus dem Zimmer.

‚Abscheuliches, böses Mädchen!' hörte ich des Onkels erzürnte Stimme.

Meine Zuflucht in allen gefährlichen Situationen meines Lebens war gewöhnlich das Zimmer, das ... jetzt die Njanja bewohnte. Dort suchte ich auch jetzt Schutz und Hilfe. Den Kopf in den Schoß der guten Alten verbergend, schluchzte ich lange und heftig, und die Njanja, als sie mich so völlig aufgelöst sah, befragte ich nicht erst, sondern streichelte mir das Haar und überhäufte mich mit Kosenamen. ‚Gott mit dir, mein Vögelchen! Beruhige dich, mein Schatz!' sprach sie zu mir, und es tat mir so wohl, mich in meiner Aufregung gehörig in ihrem Schoß auszuweinen. ...

Als ich am nächsten Morgen erwachte und mich das Vorfalls vom vergangenen Tag erinnerte, schämte ich mich aufs neue so sehr, daß es mir unmöglich schien, einem Menschen in die Augen zu sehen.

Indessen lief alles besser, als ich erwartete. Olga war noch an demselben Abend fortgebracht worden. Sie war offenbar so edel gewesen, sich nicht über mich zu beklagen. An den Gesichtern der anderen ließ sich erkennen, daß niemand von der Sache wußte. Niemand machte mir Vorwürfe, niemand neckte mich. Auch der Onkel gab sich den Anschein, als sei nichts Besonderes vorgefallen."[20]

Was die angebliche Vernachlässigung durch die Eltern anlangt, so hat sowohl die kindliche als auch die erwachsene Sonja diesen Aspekt übertrieben.[21]

Ihre Jugend glich derjenigen gleichaltriger Adelstöchter, die nur nicht so sensibel waren wie sie.

Es war in ihren Kreisen die Regel, daß Eltern die Erziehung an Bedienstete delegierten, daß sie sich ihrer Kinder nur bei offiziösen oder offiziellen Gelegenheiten annahmen (von den zeremoniell eingenommenen Mahlzeiten bis zu repräsentativen Empfängen) und daß eine beiderseitige emotionale Bindung gar nicht üblich war.

Auch die Beziehung ihrer Eltern entsprach durchaus dem guten Durchschnitt solcher Konventionsheiraten.

„Wenn ich mich der Mutter ... erinnere, erscheint sie mir immer als eine ganz junge, wunderschöne Frau, fröhlich und geschmückt. Am häufigsten erinnere ich mich ihrer im Ballkleid, dekolletiert, mit entblößten Armen und einigen Armbändern und Ringen. Sie ist im Begriff, irgendwohin zu gehen, zu einer Soiree, und kommt, um sich von uns zu verabschieden."[22]

Die freundliche, aber schwache Frau wurde von ihrem 20 Jahre älteren Mann stets selbst wie ein Kind behandelt.[23] Zwar trat sie als Pianistin und im Laientheater auf, übersetzte deutsche Jugendbücher ins Russische und unterrichtete an der neuen Dorfschule. Aber ihre Hauptaufgabe war es, an der Seite ihres Mannes angemessen zu repräsentieren. Man geht wohl nicht fehl in der Annahme, daß diese äußerlich glänzende, aber eigentlich hohle Funktion beiden Töchtern, als sie erwachsen wurden, eher als abschreckendes Beispiel erschien, dem sie selbst ein bewußtes Emanzipationsstreben entgegensetzten.

Zu ihren Kindern, um deren Erziehung sich Angestellte zu kümmern hatten, gewann sie nie ein herzliches Verhältnis. In ihren Tagebüchern 1843 bis 1851 werden sie kein einziges Mal erwähnt, also auch nicht anläßlich Anjutas und Sojas Geburt! Der Vater hingegen, in der traditionellen Rolle des gestrengen Familienpatriarchen, war den Kindern viel zu entrückt, als daß er die von seiner Frau unwissentlich verursachte Lücke hätte schließen können — obwohl Sonja immerhin angeblich sein Lieblingskind war.

Dabei war er ein gebildeter und liberaler Mann, der die Achtung seiner Standesgenossen genauso errang wie die seiner Untergebenen, die er gut behandelte. Aber erst im Alter, milde geworden durch die Jahre und weise durch vielerlei Enttäuschungen, gewann er ein menschlich tieferes Verhältnis zu seinen beiden „aus der Art geschlagenen" Töchtern.[24]

Aus der Art geschlagen schien besonders die ältere Schwester Anjuta. Lebhaft und angeödet von der Provinz, lebte sie als Heranwachsende auf ihrem Turmzimmer in der Welt englischer Ritterromane. Die Stuttgarter Tante schreibt tadelnd:

„Anjuta's Traum ist, in der literarischen Welt eine Rolle zu spielen, und zwar weniger, um ihre Eitelkeit zu befriedigen, als aus dem Wunsch, unabhängig dazustehen, nicht in materieller Beziehung, sondern um sich über das hinwegzusetzen, was sie die ‚Vorurtheile' der Welt nennt."[25]

Nur Schwester Sonja erfuhr zunächst das große Geheimnis, daß Anjutas Novelle „Der Traum" schon in der von Dostojewskij herausgegebenen Zeitschrift „Epoche" veröffentlicht worden war[26], eine zweite folgte auf dem Fuße. Als der General durch einen abgefangenen Brief doch von den literarischen Aktivitäten seiner Ältesten erfuhr, erlitt er eine Herzattacke. Laut Sonjas Erinnerungen schrie er sie später an:

„Bei einem Mädchen, das fähig ist, ohne Wissen von Vater und Mutter mit einem unbekannten Mann in Korrespondenz zu treten und von ihm Geld anzunehmen, kann man sich auf alles gefaßt machen! Jetzt verkaufst du deine Erzählungen und morgen vielleicht dich selbst!"[27]

Zu den großen Augenblicken dieser Erinnerungen gehört die an Shakespeare gemahnende Beschreibung der Szenerie, wie unten im Hause die zum Namenstag der Mutter geladene Gästeschar tanzt und schmaust und die Familie bis zum frühen Morgen die strahlenden Gastgeber mimt, während in seinem Arbeitszimmer der mit Unwohlsein entschuldigte General scheinbar auf den Tod daniederliegt.

„Dieses Jahr war in unserer Kreisstadt ein Regiment stationiert. Zum Namensfest meiner Mutter war der Oberst mit allen Offizieren zu uns gekommen, und sie hatten als Überraschung die Regimentsmusik mitgebracht.

Das Festdiner war bereits drei Stunden vorbei. Oben im großen Saal hatte man alle Leuchter und Kandelaber angezündet, und die Gäste, die nach Tische geruht und sich für den Ball umgekleidet hatten, begannen sich zu versammeln. . . .

Man wartete nur noch auf den Vater, um mit dem Tanz zu beginnen. Da trat der Diener ein, ging auf Mama zu und sagte: ‚Seine Excellenz ist unwohl. Bittet die gnädige Frau, sich zu ihm ins Arbeitszimmer zu bemühen.‘

Alle waren bestürzt. Die Mutter stand eilig auf und verließ, die Schleppe ihres schweren Seidenkleides mit der Hand fassend, den Salon. Die Musikanten, die im Nebenzimmer auf das verabredete Zeichen zum Beginn der Quadrille warteten, erhielten den Befehl, noch zu warten.

Es verstrich eine halbe Stunde. Die Gäste wurden unruhig. Endlich kehrte die Mutter zurück. Ihr Gesicht war vor Aufregung gerötet, aber sie bemühte sich, gelassen zu erscheinen, und lächelte gezwungen.

Auf die besorgten Fragen der Gäste: ‚Was ist mit dem General?‘ erwiderte sie ausweichend — ‚Wassili Wassiliewitsch fühlt sich nicht ganz wohl und bittet um Entschuldigung! er bittet den Tanz ohne ihn zu beginnen.‘

Jeder bemerkte, daß etwas Besonderes vorgefallen sein müsse; allein aus Rücksicht sprach man nicht weiter darüber. Überdies wollten alle endlich tanzen, da sie sich einmal deswegen versammelt und in Putz geworfen hatten. Und so begann der Tanz.

Als Anjuta bei einer Quadrille-Figur an Mutter vorbeikam, sah sie ängstlich zu ihr hinüber und las in ihren Augen, daß etwas Ernstes passiert war. Die Mutter benutzte eine Tanzpause, führte Anjuta beiseite und fragte sie vorwurfsvoll:

‚Was hast du angerichtet? Alles ist entdeckt! Papa hat Dostojewskis Brief an dich gelesen, und vor Scham und Verzweiflung wäre er beinahe auf der Stelle gestorben!‘

Anjuta wurde leichenblaß; aber Mama fuhr fort: ‚Ich bitte dich, beherrsche dich wenigstens jetzt! Bedenke, wir haben Gäste, welche alle gern über uns klatschen! Geh, tanze, als wäre nichts geschehen!‘

Und so tanzten meine Mutter und meine Schwester tatsächlich bis zum frühen Morgen, obwohl sie sich in ständiger Angst vor dem

Gewitter befanden, das über ihnen losbrechen würde, sobald die Gäste das Haus verlassen hätten.

Und in der Tat entlud sich ein fürchterliches Gewitter.

Ehe nicht alle fortgefahren waren, ließ der Vater niemand vor und blieb in seinem Zimmer eingeschlossen. In den Tanzpausen liefen die Mutter und die Schwester aus dem Saal und horchten an seiner Tür, wagten aber nicht einzutreten, sondern kehrten mit dem bangen Gedanken zu den Gästen zurück: ,Wie geht's ihm jetzt? Ist's ihm nicht schlechter?'

Als es im Haus still geworden war, hieß der Vater Anjuta kommen. Was er ihr da alles gesagt hat! ..."[28]

Ihr Leben lang liebte und bewunderte Sonja ihre ältere Schwester[29], deren früher Tod 1887 in Paris ihr einen schweren Schlag versetzte, gerade weil sich damals längst herausgestellt hatte, daß aus der abenteuernden Frau des Kommunarden Victor Jaclard nicht jene berühmte Schriftstellerin geworden war, von der Sonja einst geträumt hatte.[30]

Noch nach ihrer Hochzeit schrieb sie an Anjuta:

„Niemals zuvor ist es mir so deutlich gewesen, bis zu welchem Grade wir einander nötig haben und welch unlösbare Bande zwischen uns bestehen. Liebe, unbezahlbare Schwester — was immer uns auch passieren mag, egal wie das Schicksal uns erniedrigen oder foppen mag, solange wir zusammen sind, sind wir stärker und standhafter als irgend etwas auf der Welt — daran glaube ich fest."[31]

Aber wir greifen vor! Noch ist Sonja ein etwas merkwürdiges, vom Kindermädchen Njanja verwöhntes Kind, das sich zwar mit sechs Jahren selbst das Lesen beibringt, ansonsten aber, wie Anjuta auch, in ihrer Ausbildung gegenüber Gleichaltrigen hinterherhinkte. Der Vater, der eigentlich der Ansicht war, daß Erziehungs- und Bildungsfragen Frauensache seien, *„machte plötzlich die Entdeckung, daß seine Kinder bei weitem nicht so musterhafte und wohlerzogene Geschöpfe seien, wie er vermutet hatte."*[32] Postwendend und mit viel Geschrei wurde die französische Erzieherin entlassen, und ins Haus kamen zwei für Sonjas weitere Entwicklung sehr wichtige Persönlichkeiten, eine englische Gouvernante und ein polnischer Hauslehrer.

Margarita Franzewna Smith *„hatte ... alle Eigenheiten des englischen Volkes bewahrt: die Pedanterie, die Ausdauer und die Zähigkeit, jede Angelegenheit zu Ende zu führen."*[33] Indem sie Sonja in strenge Zucht nahm, vermachte sie ihr auch diese für deren weiteres Leben so wesentlichen Eigenschaften — was nicht heißt, daß das Kind die strenge

Frau nicht auch „betrog", indem es etwa in der Bibliothek laut einen Ball auf den Boden tupfte, aber in Wahrheit unkontrolliert Bücher las: Miss Smith hatte ihr nämlich verboten, ungefragt Literatur zu konsumieren. Die Heranwachsende schrieb auch heimlich (ziemlich schlechte) Gedichte.[34]

Josif Malewitsch, der Hauslehrer von 1858 bis 1868, prägte ihre frühe Bildung am nachhaltigsten, bis hin zu ihrer lebenslangen Vorliebe für das freiheitsdürstende Volk der Polen, für politisch Unterdrückte überhaupt. Daß dies in Palibino möglich war, spricht erneut für den liberalen Geist der Korwin-Krukowskijs.[35] Malewitsch sorgte für eine solide geisteswissenschaftliche, aber auch naturwissenschaftliche Bildung. Bald schon zeigte sie hier ihre spezielle Begabung, als sie eigene, von ihrem Lehrer unabhängige Lösungswege fand.[36] Des Vaters Bruder Peter Korwin-Krukowskij, dessen grausame Frau von revoltierenden Leibeigenen ermordet worden war[37] und der nun als eine Art Privatgelehrter still vor sich hin lebte und über die „Revue des deux mondes" die aktuelle Wissenschaft in die abgelegene Sumpfgegend brachte, spornte sie zu weiteren mathematischen Leistungen an.

Und schließlich war da noch die immer wieder gern erzählte Geschichte mit der Tapete: Für das Kinderzimmer hatte die dort vorgesehene Tapete nicht mehr gereicht, und freigebliebene Ecken waren notdürftig mit alten Schriften verklebt worden, u.a. mit einem alten Lehrbuch des Vaters über Differential- und Integralrechnung.

„Ich stand, wie ich mich erinnere, als Kind stundenlang vor dieser geheimnisvollen Wand und bemühte mich, mindestens einzelne Sätze zu entziffern und die Ordnung herauszufinden, in der die Bogen aufeinander folgen mußten."[38]

Noch Jahre später, bei ihrem ersten Mathematikstudium bei Strannoljubskij, konnte sie sich an „Asymptote" und „Grenzwert" erinnern - zum großen Erstaunen des Professors!

Berührung mit der großen weiten Welt brachten die regelmäßigen wochenlangen Aufenthalte den Winter über in Petersburg. Teils auf klingelndem Schlitten, teils mit der brandneuen Eisenbahn ging es in das geräumige Domizil der Schubert-Verwandten in der Nähe der Universität und der Akademie der Schönen Künste. Die Stadt mit 500 000 Einwohnern[39], östlichster Ableger der großen westeuropäischen Stadtkultur des 18. und 19. Jahrhunderts, und vor Leben vibrierend, bot vor allem der ungeduldigen Anjuta jenes gesellschaftliche Leben, das sie in Palibino so schmerzlich vermißte.

St. Petersburg — das war für jeden Russen und jede Russin der Inbegriff des Mondänen, der Eleganz und der feinen, französisch bestimmten Kultur. Hier gab es wohlhabende Palais und den Newskij-Prospekt, geschmackvolle Salons mit dezenten Gesprächen und musikalischen Soireen, Luxusmanufakturen und Buchläden, das ganze fluktuierende Leben einer westeuropäisch anmutenden Großstadt, die ihren großzügigen Luxus für die Privilegierten bereithielt. Und es gab hier etwas, was ansonsten keine europäische Großstadt aufweisen konnte:

„Wenn du in den weißen Nächten spazieren gingst, hast du dich dann nicht in die Schönheit der Paläste, der Wohnhäuser und Staatsgebäude verliebt? ... Hast du in dieser Juni-Nacht gesehen, wie intensiv vor allem die zitronengelben und ockerfarbenen Fassaden vor dem Hintergrund des fliederblauen Himmels wirken? Thomons einem Tempel gleichende Börse, die Nadel der Admiralität mit dem Zifferblatt oben, der Stab mit der feierlichen Treppe, der Senat, die Kunstakademie, die Dome, Paläste und Kasernen ..." — so der Dichter Apollon A. Grigorjew.[40]

Dostojewskij schrieb: „Die weiße Nacht erfüllt Petersburg mit ihrem Zauber, macht es zu der phantastischsten Stadt der Welt."[41] Und mit eben diesem Dostojewskij durfte Anjuta in Petersburg sogar Kontakte pflegen:

Der Vater hatte sich „um 180 Grad gedreht" und den berühmten Schriftsteller bei seiner Frau (inklusive zweier gestrenger Tanten) einführen lassen. Seither ging Dostojewskij als gern gesehener, wenn auch neugierig beäugter Gast im Salon ein und aus — ja, der gerade verwitwete Mann verliebte sich sogar in die junge Anjuta. Das Gefühl beruhte leider nicht auf Gegenseitigkeit, dafür entflammte die gerade 15jährige Sonja für den trotzigen Mann.

Eines Tages mühte sie sich, für den Verehrten Beethovens „Pathétique" am Klavier zu spielen.

„Ich begann zu spielen. Die Schwierigkeiten des Stückes, die Notwendigkeit, jede Note zu beachten, die Angst, falsch zu greifen, haben bald meine ganze Aufmerksamkeit so sehr in Anspruch genommen, daß ich meiner Umgebung vollständig entrückt wurde und nicht bemerkte, was um mich herum vorging. Ich hatte die Sonate beendet — mit dem befriedigenden Bewußtsein, gut gespielt zu haben. In den Händen fühlte ich eine angenehme Müdigkeit. Noch ganz unter dem Einflusse der Musik und jener angenehmen Erregung, die sich immer nach jeder gut ausgeführten Aufgabe einstellt, erwartete ich das verdiente Lob. Aber alles blieb still. Ich wandte mich um: niemand war im Zimmer.

Das Herz erstarrte mir. Ich wußte nicht, was ich denken sollte; aber nichts Gutes ahnend, ging ich ins nächste Zimmer. Auch da niemand! Ich schob den Türvorhang zur Seite und erblickte endlich im

*kleinen Salon Fedor Michailowitsch und Anjuta. Aber mein Gott, was
sah ich!*

*Sie saßen nebeneinander auf dem kleinen Sofa. Das Zimmer war
von einer großen Lampe mit großem Schirm nur schwach erleuchtet.
Das Gesicht der Schwester konnte ich nicht wahrnehmen, da es im
Schatten lag. Aber Dostojewskis Gesicht sah ich deutlich: es war bleich
und erregt. Er hielt Anjutas Hand in seinen Händen, und zu ihr gebeugt
sprach er mit jenem leidenschaftlichen, stoßweisen Flüstern, das ich
kannte und so sehr liebte:*

*,Mein Täubchen, Anna Wassiliewna, bedenken Sie doch, ich lieb-
te sie ja von dem ersten Augenblick an, da ich Sie erblickte; ja, sogar früher ahnte ich es schon, aus den Briefen vorher. Und nicht mit
Freundschaft liebe ich Sie, sondern mit Leidenschaft, mit meinem ganzen Wesen ...'*

*Mir wurde es dunkel vor den Augen. Das Gefühl einer bitteren
Vereinsamung, einer furchtbaren Kränkung erfaßte mich plötzlich, und
das ganze Blut, das anfangs zum Herzen strömte, stürzte in heißen
Wellen zum Kopf."*[42]

Trotz dieser Herzensturbulenzen blieb das Verhältnis der Schwestern zu Dostojewskij lebenslang ungetrübt, ja, in seinem „Idiot" hat
er Anjuta in der Gestalt der Aglaja Epantschina ein Denkmal gesetzt,
überdies die Szene nachgestellt, wie er selbst einmal beim traulichen
Beisammensein mit ihr von der Gesellschaft unangenehm überrascht
wurde.[43] Sonja war außerdem überzeugt, daß er für die Gestalt des
Aljoscha aus den „Brüdern Karamasow" bei Anjutas zweiter in der
„Epoche" veröffentlichter Novelle geborgt hatte.[44]

*„Gott! Wie lockte und winkte das vor uns liegende Leben, wie un-
begrenzt, geheimnisvoll und herrlich erschien es uns in dieser Nacht!"*[45]
Mit diesen Worten, bezogen auf die Rückfahrt von den aufregenden Tagen in Petersburg, enden Kowalewskajas *Jugenderinnerungen*. Und in
der Tat, das lockende Leben ließ sich auch von dem stillen Palibino
nicht mehr abblocken. Die politischen Realitäten zogen, wenn auch mit
Verspätung, ein.

Alexej, der Sohn des Dorfpopen, war zum allgemeinen Erschrecken
der ganzen Gegend (außer Anjutas natürlich) zu den „Nihilisten" über-
gegangen — wir kommen gleich darauf, was man sich darunter vorzustellen hat — *„und kam mit den abgeschmackten Ideen nachhause,
daß der Mensch vom Affen abstamme und daß Professor Sutschenow
(sic!) bewiesen habe, es gäbe keine Seele, sondern bloß Reflexe; und das
bestürzte Väterchen griff nach dem Weihwasserwedel und besprengte
den Sohn."*[46]

Alexander II. (1855–1881), der „Zar-Befreier", hatte 1861 die Leibeigenschaft aufgehoben. Politische Veränderungen rumorten im Lande. Nicht daß sich schlagartig alles änderte, schon gar nicht in der Provinz. Aber das Klima zwischen Herrschaften und Beherrschten veränderte sich. Kowalewskaja selbst hat diese Akzentverschiebungen sehr feinfühlig eingefangen in ihrer Erzählung *Die Nihilistin*, und ihre eigene Familie ist leicht hinter den fiktiven Gestalten der Baranzows erkennbar.

Da ist die Fahrt im Sonntagsstaat zur Kirche, wo der Pope das noch versiegelte kaiserliche Manifest verlesen wird. Noch sind die alten Strukturen erkennbar:

„Und heute, wie immer an Festtagen, wartet der Pförtner auf dem Glockenthurme das Erscheinen des Herrschaftswagens ab und wie dieser nur bei der Biegung der Straße sich zeigt, fangen auch schon die Glocken zu läuten an.

Die Kirche ist gesteckt voll; ein Apfel hätte keinen Raum, zu Boden zu fallen; aber nach altem, eingewurzeltem Gebrauch tritt diese ganze, dichte Menge ehrerbietig vor den Herrschaften zurück und läßt sie vor, zu ihrem gewohnten Platze auf dem rechten Chor. ...

Was wird das kaiserliche Manifest sagen? Bis nun ist sein Inhalt selbst den Herrschaften nur vom Hörensagen bekannt. Thatsächlich weiß noch Niemand etwas, weil die an die Priester geschickten Manifeste mit dem Staatssiegel geschlossen sind, welches erst nach Beendigung des Hochamtes erbrochen wird. ...

Das Manifest ist im Amts- und Bücherstyl abgefaßt. Die Bauern hören athemlos zu, aber wie sehr sie sich auch anstrengen mögen, diese Urkunde, die für sie die Frage ,Sein oder Nichtsein' entscheidet, zu verstehen, können sie doch nur einzelne Worte erfassen. Der wesentliche Inhalt bleibt ihnen dunkel. Während die Vorlesung sich dem Ende nähert, schwindet nach und nach die erregte Spannung von ihren Gesichtern und verwandelt sich in den Ausdruck einer stumpfen, ängstlichen Verwirrung.

Der Priester ist zu Ende.

Die Bauern wissen noch immer nicht recht, ob sie frei sind oder nicht, und wissen nicht die Hauptsache — die für sie brennende Lebensfrage: wem gehört jetzt Grund und Boden? Schweigend und kopfschüttelnd zerstreut sich die Menge. "

Aber trotz aller Dumpfheit hat sich etwas verändert:

„Der Herrschaftswagen bewegt sich im Schritt durch die Haufen Volkes. Die Bauern gehen weiter und nehmen die Mützen ab, verneigen

sich aber nicht so tief, wie sie es ehedem zu thun pflegten, und bewahren
ein seltsames, unheilverkündendes Schweigen.
    ‚Ihre gräfliche Durchlaucht! Wir sind die Ihrigen, Sie sind die
Unsrigen!' ruft plötzlich mitten in der allgemeinen Stille die freche
Stimme eines betrunkenen, unansehnlichen Bäuerleins in zerlumptem
Pelz und ohne Hut, welches, während das Hochamt abgehalten wurde,
es schon fertiggebracht hatte, sich zu betrinken; der Betrunkene stürzt
auf den Wagen los und bemüht sich im Laufen, mit den Lippen die
herrschaftlichen Hände zu berühren.“[47]

Am Abend gerät das Mädchen, quasi aus Versehen, in die Gesindestube, wo die just „Befreiten" freche Anspielungen auf das Gehabe
der Herrschaften und ihrer Vorfahren machen.

„Die Harmonika ist verstummt. Das Gesinde hat sich zu einem
Haufen versammelt und ergeht sich in Geschichtenerzählen aus der al-
ten, guten Zeit - schauerliche, haarsträubende Geschichten, von denen
Wjera (die Hauptperson der Novelle; Vf.) *nie geträumt hat.*
    ‚Das war aber der Großvater, und Vater und Mutter sind gut!'
Wjera schreit jetzt nicht; sie spricht leise, verschämt, durch Thränen.
    Einige Minuten Schweigen.
    ‚Ja, die jungen Herrschaften gehen an, sind gut!' gaben ungern
einige Leute zu.
    ‚Das heißt, jetzt ist unser Herr ruhiger geworden, wie er aber noch
ledig war, hat er uns Mädels auch genug zugesetzt,' bemerkte boshaft
die alte, angeheiterte Beschließerin.
    ‚Ihr Gottlosen! Sündenvolk! Thut Euch das kleine Kind nicht leid!'
rief plötzlich die zornig entrüstete Stimme der Kinderfrau. Sie hat ihr
Pflegekind schon längst vermißt und ist im ganzen Hause herumgelau-
fen, aber es kam ihr nicht in den Sinn, das Kind in der Gesindestube
zu suchen.

* * *

Wjera konnte diese Nacht lange nicht einschlafen. Neue furcht-
bare, erniedrigende Gedanken schwirrten in ihrem Kopf. Sie hätte es
selbst nicht genau erklären können, was ihr so leid thut, warum sie
sich so bitter, so qualvoll schämt. Sie liegt in ihrem Bettchen und weint,
weint. Und von unten, aus dem Souterrain dringen schwere Tritte, ver-
stimmte Harmonikatöne und abgerissene Jauchzer eines Tanzliedes her-
auf.“[48]

Die Zeiten änderten sich. 1863 brach in Polen ein Aufstand aus,
den die Zarenregierung aber brutal niederschlug. Witebsk war Grenzprovinz zu Polen. Mit der ganzen romantischen Empfänglichkeit einer

13jährigen hielt Sonja mit den Aufständischen, verliebte sich in den Polen Buinitzky, und das Blatt des Poesiealbums, das der brutale Militärkommandant von Witebsk sehr gegen ihren Willen beschrieb, riß sie vor seinen Augen heraus, um darauf herumzutrampeln. Immerhin hatte sie zuvor gar geplant, ihn zu erdolchen, um dann gemeinsam mit Buinitzky in Sibirien zu schmachten![49]

Auf Bildern dieser Zeit blickt uns ein noch ziemlich unfertiges Mädchen mit merkwürdig verschwommenen Gesichtszügen und strähnig anmutenden Haaren an.

Je älter sie wurde, desto weniger hielt es sie in Palibino. Zwei Etappen sind es, über die sie sich vom Elternhaus löst: Die eine führt über die Wissenschaft, die andere über eine Scheinehe.

Spätestens als der Professor N.N. Tyrtow entdeckte, daß die 17jährige Sonja sein Physikbuch auch ohne die Kenntnis der trigonometrischen Funktionen, die dafür eigentlich unabdingbar war, verstanden hatte, war klar, daß sie zu weiterer Ausbildung nach Petersburg mußte. Auf Tyrtows Empfehlung wurde Alexander Nikolajewitsch Strannoljubskij ihr Lehrer, ein Mann der liberalen Intelligenz, die gerade in den 60er Jahren des 19. Jahrhunderts in Aufbruchstimmung geriet.

Jetzt, so schien es der liberalen Intelligenz, vor allem, wenn sie jung war oder sich der Jugend verbunden fühlte, mußte das Reformwerk fortgesetzt werden: Volksbildung, Steuergerechtigkeit, eine Verfassung zur Einschränkung der zaristischen Autokratie mußten her. Und die Sozialisten dachten gar an die Gleichheit aller Menschen und die Aufteilung des Eigentums.

1867/68 führte Strannoljubskij sie in die „Geheimnisse" der höheren Mathematik ein, die sie schon früh fasziniert hatten: *„Ich sah in ihr eine höhere, geheimnisvolle Wissenschaft, die dem Kundigen eine neue, herrliche Welt eröffnet, zu welcher gewöhnliche Sterbliche jedoch keinen Zutritt erlangen können."*[50] Und es ist immer die ästhetische Seite der Mathematik gewesen, die sie an dieser Wissenschaft besonders angezogen hat.[51]

Nicht zuletzt über Strannoljubskij, natürlich auch über Anjuta, bekam sie Kontakt zu den liberalen Kräften, zu den „Leuten der 60er Jahre", wie man sie nannte, ähnlich wie man in unserer Zeit von der „68er Generation" spricht. Gerade die „Frauen der 60er Jahre" waren ein Motor der Bewegung. Sie waren für die Gleichstellung der Geschlechter und soziale Reformen, aber nicht für Revolution, religiös indifferent, fortschritts- und wissenschaftsgläubig. Daher waren diese Frauen erpicht darauf, zu jener höheren Bildung zugelassen zu werden, die ihnen das russische Schulsystem hartnäckig verschloß. Man erkannte sie äußerlich an ihren kurzen Haaren und dem fehlenden Schmuck;

sie trugen schlichtes Schwarz, Ledergürtel, Krägen, Ärmelaufschläge in Weiß und zum Teil blaugefärbte Augengläser.

„In ihrer Ablehnung gegen alle Arten von etablierter Autorität, sei sie nun der Monarchie, dem Adel oder den eigenen Eltern übertragen; in ihrem Eifer für soziale Reformen und ihrem Bedürfnis, in diesem Kampf auch praktisch etwas zu tun; in ihrem Eintreten für die Rechte des einzelnen, während sie gleichzeitig die Bedeutung persönlicher Gefühle bestritt; in ihrer leidenschaftlichen Beschäftigung mit der ‚Frauenfrage‘, ihrer Vernarrtheit in die Naturwissenschaften und besonders in ihrem zuversichtlichen Vertrauen in die Wissenschaft schlechthin als der Wahrheit, die die Menschen frei machen werde — in alledem zeigte sich Sofya in dem Sinne als ‚Angepaßte‘, als diese Glaubensartikel Teil des Antwortenkataloges eines ‚Mädchens der Sechziger‘ waren."[52] „Nihilisten" nannte man diese jungen Leute ganz allgemein, ein inhaltlich schwer zu füllender Begriff.

Das Wort läßt anklingen, daß Nihilisten „nichts" von der Überlieferung akzeptierten, wie Basarow in Turgenjews „Väter und Söhne" (1862), der angeblich „niemanden fürchtet, niemanden braucht und niemanden liebt."[53] Bei Turgenjew findet sich folgendes Gespräch:

„ ‚Er ist ein Nihilist‘, wiederholte Arkadij.

‚Nihilist‘, stammelte Nikolaj Petrowitsch. ‚Das kommt vom lateinischen n i h i l , n i c h t s , soviel ich beurteilen kann; folglich bezeichnet dieses Wort einen Menschen, der ... der nichts anerkennt.‘

‚Sag: der nichts achtet‘, fiel Pawel Petrowitsch ein und wandte sich wieder der Butter zu.

‚Der sich allem gegenüber kritisch verhält‘, bemerkte Arkadij.

‚Ist das nicht dasselbe?‘, fragte Pawel Petrowitsch.

‚Nein, es ist nicht dasselbe. Ein Nihilist ist ein Mensch, der sich vor keiner Autorität verbeugt, der kein einziges Prinzip auf Treu und Glauben gelten läßt, gleichgültig, welchen Ansehens sich dieses Prinzip auch erfreuen möge.‘ "[54]

Turgenjews eher negative Zeichnung dieses Typus blieb nicht unwidersprochen. Besonders der enorm erfolgreiche Roman Tschernyschewskijs[55] „Was tun?" propagierte die positiven sozialreformerischen Kräfte der Bewegung: einen Agrarsozialismus, der Selbstversorgung, Selbstverwaltung und Selbstverwirklichung gewährleisten sollte.[56] Diesem an die genossenschaftlichen Phalansterien von Charles Fourier angelehnten früh- bzw. nichtmarxistischen Sozialismus wird Kowalewskaja ihr Leben lang, wenn auch mit unterschiedlicher Intensität, anhängen — theoretisch. Die an Tschernyschewskij orientierte real existierende Kommune des Journalisten Alexander Sleptsow in der Petersburger

Znamenskaja-Straße machte einen derartigen Skandal, daß seine Wellen sogar bis Palibino schlugen.[56]

Höhere Bildung war, wie gesagt, den Frauen in Rußland untersagt. Die vorübergehende Öffnung der Universitäten für sie 1858–1861 war vorbei. Eine Petition mit 500 Unterschriften an den Erziehungsminister 1868 um ihre Wiederzulassung hatte keinen Erfolg. (Angeblich standen auch Anjutas und Sonjas Namen auf der Liste.) 1862 wurden auch die von den Nihilisten propagierten Sonntagsschulen geschlossen. Erst ab 1872 gab es fachhochschulähnliche Lehrgänge. Am bekanntesten wurden die Bestuschew-Kurse (ab 1878) in Petersburg, die aber zwischen 1886 und 1889 keine neuen Schülerinnen aufnehmen durften. Strannoljubskij war Sekretär dieser Kurse und machte sich überhaupt um die Frauenbildung sehr verdient.[58]

„Der Wendepunkt in der Geschichte der Frauenfrage kam in den Jahren 1860/61. Die durch die revolutionäre Bewegung ebenfalls unsichere Situation der Männer begünstigte deren profeministische Einstellung. Sie sahen in dem anderen Geschlecht ein neues Potential zur Unterstützung der Revolution, welches dafür ausgebildet werden mußte. Progressive Professoren ließen Frauen zu ihren Kursen zu oder boten außerordentliche Vorlesungen für ‚Studentinnen' an. Diese Möglichkeiten wurden von Frauen mit Begeisterung aufgenommen. Teilweise befanden sich bis zu fünfzig Prozent weibliche Zuhörer in den Sälen."[59]

Letzten Endes aber waren all diese Einrichtungen Halbheiten und ständigen behördlichen Schikanen ausgesetzt. Die Vergeblichkeit dieser Bildungsanstrengungen führte viele der betroffenen Frauen zur Radikalisierung, zur politischen Aktion, schließlich zum Terrorismus. Zahlreiche Frauen sind an dem Anschlag der (seit 1879 so genannten) Geheimorganisation Narodnaja Wolja beteiligt, dem Zar Alexander II. am 13. März 1881 zum Opfer fällt.

Mit diesem vormarxistischen Radikalismus, der eine Art „Urkommunismus" herbeibomben wollte, hat Kowalewskaja, die ihr Leben lang einer Art von „Salonkommunismus" verhaftet bleibt, nichts zu tun — sie war nicht so radikal wie etwa Vera Figner (1852–1942), die in Zürich und Paris Medizin studierte, oder Sofia Perowskaja (1854–1881), die als eine der Hauptdrahtzieherinnen des Attentats auf den Zaren gehängt wurde und auch eine begabte Schülerin Strannoljubskijs gewesen war.

Sonja wählt einen anderen Weg, um an die ersehnte Bildung zu gelangen: den über eine Scheinehe; und so wird unversehens aus Fräulein Korwin-Krukowskaja Frau Kowalewskaja.

Scheinehen waren in nihilistischen Kreisen ein allseits beliebtes Mittel der Frauenemanzipation: Da eine Frau der väterlichen Gewalt nur durch eine Heirat entfliehen konnte und die konservativen Väter

natürlich nicht daran dachten, ihre Töchter ziehen zu lassen, damit
diese jahrelang im Ausland studieren konnten, gingen die Töchter eine
Ehe mit einem mehr oder weniger beliebigen Partner ein, wobei es sich
von Anfang an von selbst verstand, daß man mit der Eheschließung
keinerlei Rechte aufeinander begründete. Es fanden sich in nihilistischem Umkreis auch genügend idealistische junge Männer, die ihnen
fast gänzlich unbekannten Frauen zur Freiheit verhelfen wollten.

Die Idee als solche hatte wahrscheinlich Anjuta gehabt, für sich
selbst, wohlgemerkt, aber der dafür vorgesehene Biologieprofessor Iwan
Setschenow lebte mit der ironischerweise als Vermittlerin auserkorenen
Maria Alexandrowna Bokowa und deren Mann in einer komplizierten
Dreierbeziehung[60] und lehnte begreiflicherweise ab. Bokowa ihrerseits
schlug Wladimir Onufriewitsch Kowalewskij vor.[61]

Dieser war der Sohn eines kleinen Gutsbesitzers aus Witebsk,
nicht weit von Palibino. Als guter Fremdsprachenkenner wurde er Über-
setzer und später Verleger ausländischer Autoren. Er kannte Darwin
persönlich und gab die russische Ausgabe von dessen "The Variations
of Animals and Plants Under Domestication" heraus. Seine Kontakte
reichten in die revolutionären Studentenzirkel hinein. Ein gewisser Hang
zum Abenteurertum hatte ihn 1863 am polnischen Aufstand und 1866
an einer der vielen Unternehmungen Giuseppe Garibaldis teilnehmen
lassen.

Über Anjuta lernte er auch Sonja kennen, und zur nicht geringen
Überraschung und Verärgerung der älteren Schwester erklärte Kowalewskij kurz und bündig, er werde weder sie noch ihre alternativ an-
gebotene Freundin Zhanna Ewreinowa heiraten (sie wurde später die
erste russische Anwältin[62]), sondern nur Sonja. Damit hatte er gegen
ein ungeschriebenes Gesetz verstoßen, welches besagte, daß persönliche
Gefühle in einer Scheinehe nichts zu suchen hatten.[63] Anjuta trug es
ihm lange nach.

Sonja aber, die „kleine Schwester", trat plötzlich aus dem Schatten, und sie tat es freudig und dankbar. „Die Begegnung mit Dir läßt
mich an Seelenverwandschaft glauben, so geschwind ... und aufrichtig
kamen wir zwei zusammen und wurden, wenigstens von meiner Seite
aus, Freunde", schrieb Wladimir ihr. „Nun kann ich es auch nicht lassen,
vieles von dem auszumalen, was an unserer gemeinsamen Zukunft freudig und gut ist. Und wirklich, bei der nüchternsten Betrachtung, ohne
kindischen Überschwang, kann man jetzt als sicher annehmen, daß Sofia
Wassiljewna eine großartige Ärztin oder Gelehrte in einer Naturwissenschaft sein wird, ... daß ich, Dein gehorsamer Diener, all meine Kräfte
verwenden will, damit unsere Gemeinschaft blüht. Und Du kannst Dir

selbst ausmalen, welch brillante Möglichkeiten des Glücks, wieviel gute, kluge Arbeit in unserer Zukunft liegen."

Wladimir, der zu der künftigen glücklichen Gemeinschaft auch Anjuta, Bokowa, Setschenow u.a. zählte, fuhr fort: „Du siehst also, daß ich nicht nur meine eigenen Interessen, sondern auch die der oben genannten Personen mit den Deinen vereinige, und ich wage zu behaupten, daß es exakt diese Einheit ist, die uns eine gute Zukunft sichern wird. Darum solltest Du mich nicht als einen Mann betrachten, der Dir einen Gefallen tut, sondern als Kameraden, der mit Dir ein einziges Ziel erstrebt; d.h. ich bin genauso notwendig für Dich wie Du für mich. Darum mache einfach von mir entsprechenden Gebrauch und vertraue mir an, was immer Dich bewegt, ohne Angst zu haben, mich zu belasten; ich werde für Dich genau so viel arbeiten wie für mich selbst."[64]

Wladimir war für sie jemand, der sich für Freiheit aktiv einsetzte — mehr als ihre Familie, die gewisse Freiheiten duldete, mehr auch als Malewitsch, der von der Freiheit seiner Polen redete. Wladimir war für sie mehr als eine formale Verlegenheitslösung. Lange Jahre wird er ihr „großer Bruder" sein, zu dem sie aufblicken kann und der ihr jenes Maß brüderlicher Zärtlichkeit (von einem Vollzug der Ehe war keine Rede) gibt, das sie in ihrer Kindheit vermißt hatte und dessen sie, je länger je mehr, bedurfte.[65]

Ob die Bekanntgabe der Verlobung nun eine Überrumpelung der schockierten Familie war, wie später Anne-Charlotte Leffler berichtete[66], oder ob das Verhältnis schon länger zur Diskussion stand, wie eine der vielen Tanten, diesmal eine Großtante, nach Stuttgart schrieb[67], ist zweitrangig. Auf jeden Fall war Kowalewskij auch für den General eine zwar nicht glänzende, aber doch akzeptable Partie. Am 27. September 1868 war die Hochzeit auf Palibino — besagter Großtante verdanken wir einen genauen Bericht:

„Die Trauung war so schlicht wie nur denkbar; da die Brautleute wünschten, daß sie so kurz wie möglich daure, hatte man nicht einmal Sänger aus Nevel kommen lassen, und die ganze Handlung wurde ziemlich mangelhaft vom Priester und den Diakonen vollzogen. Auch die Zuschauer waren nicht zahlreich und bestanden zum größten Theil aus Bauern. Die ganze Ceremonie dauerte nur zwanzig Minuten, nach welchen wir uns wieder in die Wagen setzten; die Neuvermählten mit Lisa und Anjùta, die Anderen, wie sie gekommen waren. Zu Hause wurde sofort Champagner servirt; dann theilte man sich plaudernd in Gruppen bis zum Diner, welches gegen 2 1/2 Uhr servirt wurde. Dem Feste zu Ehren wurde in dem oberen Saale gespeist. Zwei lange Tafeln waren gedeckt und reich mit Blumen verziert, sowie mit Aufsätzen voll Obst, Eingemachtem und Confect. Die Gesellschaft bestand aus ungefähr vierzig Personen. ... Bei Tische gab es eine ganze Menge Trink-sprüche. Gleich nach dem Essen machte Sfòfa ihre Reisetoilette, und gegen 5 Uhr fuhr der Wagen der Neuvermählten vor. Der Abschied war sehr bewegt, obgleich sich Alle bemühten, ihrer Rührung Herr zu werden. Die arme Sfòfa, noch am Morgen so fröhlich, biß sich in die Lippen, um nicht in Thränen auszubrechen — von Anjùta riß sie sich nur mit Mühe los ..."[68]

Das junge Paar bezog zunächst eine Wohnung in Petersburg, Sergiewskaja-Straße 24. Zu ihren Bekannten zählten der Satiriker Saltykow-Schtedrin, über den Kowalewskaja sehr viel später einen Es-say schreiben wird, die Frauenrechtlerin Konradi (eine George-Eliot-Übersetzerin) und die Familie Tschernyschewskijs. Strannoljubskij kam regelmäßig für mehrere Stunden ins Haus, um die junge „Ehefrau" in sphärischer Trigonometrie zu unterrichen. Die ganze Zukunft lag nun offen vor ihr.

„Ach, das war eine so glückliche Zeit! Wir waren von all die-sen neuen Ideen so begeistert, so überzeugt, daß die jetzt herrschende Gesellschaftsordnung nicht lange mehr bestehen könne, wir sahen die herrliche Zeit der Freiheit und allgemeinen Aufklärung, träumten, daß sie ganz nahe — ganz sicher bevorstände."[69]

Galten diese einst vor der „Ehe" formulierten Sätze nun nicht jetzt erst recht?

Schließlich ging es 1869 an das eigentliche Ziel des Lebensbun-des: Rußland sollte verlassen werden, und die Kowalewskijs würden im Ausland studieren.

Da lockte etwa die Schweiz. So wissen wir vom Winterseme-ster 1872/73 etwa, daß es in Zürich 63 Studentinnen gab, davon 53 Russinnen, im 1873er Sommersemester 114 Studentinnen, davon 77 Russinnen![70] Die Wahl fiel aber dann doch auf das schöne deutsche Heidelberg, und im April 1869 brach man auf. Daß Kowalewskaja in der Tat den passableren Weg in die Freiheit gegangen war als andere, beweist das Beispiel der erwähnten Zhanna Ewreinowa, die im Novem-ber desselben Jahres 1869 die Grenze ohne Einwilligung ihrer Eltern, ohne Paß und — unter dem Feuer russischer Grenzsoldaten überschritt, um in Heidelberg und Leipzig Jura zu studieren.[71]

Sonja würde Naturwissenschaften studieren, und es bleibt festzu-halten, daß sie sich immer nachdrücklicher auf die Mathematik fixierte. In ihre frühe Petersburger Zeit fallen noch medizinische Kurse; aber die Medizin lag doch noch sehr nahe am traditionellen Verständnis der „karitativen" Frau. Und in Heidelberg gehörte auch Physiologie in ihr Programm. Die Mathematik aber war die reinste Form des abstrakten

Denkens, der gültigste Beweis für die Ebenbürtigkeit der Frau, wenn man gerade hier reüssierte. Der Mathematik sollte ihre lebenslange Liebe gelten.

Studienjahre in Heidelberg und Berlin (1869–1874)

Über Wien reisten die Kowalewskijs ins demgegenüber preiswertere und mathematisch besser beleumundete Heidelberg. Wladimir war hier ein „ganz normaler" Student der Geologie. Sonja dagegen konnte sich trotz aller Bemühungen nicht regulär einschreiben lassen.

Dies war in der damaligen Zeit an keiner deutschen Universität möglich, im Gegensatz zum schweizerischen Zürich — es sei denn auf Allerhöchste Intervention wie im Fall der Jurastudentin Zhanna Ewreinowa 1870 bis 73 in Leipzig. Sonderregelungen traf die einzelne Hochschule in eigener Machtvollkommenheit. Und so wurde ihr in Heidelberg immerhin erlaubt, an bestimmten Kursen teilzunehmen — mit Einverständnis der jeweiligen Professoren. So hörte sie bei dem Weierstraß-Schüler Leo Königsberger und Paul du Bois-Reymond Mathematik, bei Gustav Robert Kirchhoff Physik und bei Hermann L.F. Helmholtz Physiologie und kam so immerhin auf 22 Wochenstunden, davon 16 in Mathematik.

Kowalewskaja überredete eine noch in Rußland verbliebene Kusine Ewreinowas, Julia Wsewolodowna Lermontowa, die sie seit 1868 kannte[1], ihr nach Heidelberg zu folgen, wo sie dann unter ähnlich außerplanmäßigen Bedingungen Chemie studierte. Lermontowa wurde eine lebenslange Freundin, eine der besten, die Sonja je hatte, und die spätere Patin ihrer Tochter. Sie hat wertvolle Erinnerungen hinterlassen.

Weitere Studentinnen in Heidelberg waren die Mathematikerin Elisaweta Fedorowna Litwinowa, die später in St. Petersburg Lehrerin von Lenins Frau N.K. Krupskaja wurde und auch die erste Biographie über Sonja geschrieben hat[2], und die nachmalige Revolutionärin Natalja Alexandrowna Armfeldt. Die Beziehung zu einer Frau wie der letztgenannten wirft ein bezeichnendes Licht auf Kowalewskajas politischen Standort. Sie hatte keine „Berührungsängste" gegenüber „Umstürzlern", aber sie übernahm auch keinen aktiven Part in deren Reihen. Die konsequente politische Aktion war ihre Sache nicht.

Ihre Teilnahme an den Lehrveranstaltungen erregte bei den Kommilitonen nicht geringes Aufsehen. Bei der ersten Vorlesung geleitete Königsberger sie persönlich an ihren Platz. „Ihr Ruf verbreitete sich so weit in der kleinen Stadt, daß die Leute auf der Straß stehen blieben, um die merkwürdige Russin zu sehen. Einmal kam sie nach Hause und erzählte lachend, wie eine arme Frau mit einem Kinde auf dem Arm stehenblieb, sie ansah und dann laut zu dem Kinde sagte: „Sieh, sieh, das ist das Mädchen, das so fleißig in die Schule geht." — Zurückhaltend, schüchtern, den Lehrern und Kameraden gegenüber fast verlegen, trat Sonja niemals anders als mit niedergeschlagenen oder vor sich hinblickenden Augen in die Universität ein. Sie sprach mit ihren Kameraden nur das, was unvermeidlich war. Dies Wesen gefiel den deutschen Professoren, die Schüchternheit bei einer Frau und Bescheidenheit immer bewundern, ungemein, besonders bei einer so liebenswürdigen, jungen Frau, die eine so abstrakte Wissenschaft wie Mathematik studierte. Und diese Schüchternheit war keineswegs gemacht, sondern Sonja damals ganz natürlich. Ich erinnere mich, daß sie einmal nach Hause kam und erzählte, wie sie einen Fehler in der Demonstration entdeckt hatte, den einer der Studenten oder Professoren während der Vorlesung an der schwarzen Tafel gemacht hatte. Dieser hatte sich mehr und mehr verwickelt, ohne den Fehler finden zu können. Sonja erzählte, wie ihr Herz geklopft hätte, bis sie sich endlich entschloß, aufzustehen und an die Tafel zu gehen, um zu zeigen, wo der Fehler steckte."[3]

Das Leben in der Unteren Neckarstraße 3a gestaltete sich nicht einfach.[4] Anjuta und Ewreinowa, zu denen sich auch zeitweise Zhannas Schwester Olga und Natalja Armfeldt gesellten, setzten dem guten Wladimir tüchtig zu, dem sie die harmlosen Zärtlichkeiten mit Sonja übelnahmen. Hinzu kamen die Geldverlegenheiten. Kowalewskijs konnten nämlich nicht wirtschaften. Nicht daß uns von großen Gelagen oder einem Leben in Saus und Braus berichtet würde — aber gewisse als selbstverständlich betrachtete Annehmlichkeiten des Lebens wie gutes Essen und Trinken, Kleidung und Auslandsreisen kosteten mehr Geld, als die beiden Nutznießer des russischen Landadelsstils wahrhaben mochten. Wladimirs Unbedenklichkeit und Sonjas Weltfremdheit, die später noch einmal fatale Folgen haben sollten, brachten es fertig, daß sie mit Sonjas Apanage von 1000 Rubeln jährlich nicht auskamen — was immerhin doppelt soviel war wie das Gehalt eines niederen russischen Verwaltungsangestellten.

Anjuta gefiel es schließlich im provinziellen Heidelberg nicht mehr. Sie ging nach Paris, natürlich ohne ihre Eltern zu informieren, die weiterhin ahnungslos an sie nach Heidelberg schrieben. Umgekehrt schickte Anjuta ihre Briefe aus Paris erst nach Heidelberg, von wo aus Sonja sie dann mit dem „richtigen" Poststempel weiterschickte. In Paris verliebte sich Anjuta in den Radikalen Victor Jaclard. Ihre Abenteuer dort werden wir bald nachzeichnen.

Sonja und Wladimir reisten im Sommer 1869 erstmals nach London. Hier trafen sie Charles Darwin, Thomas Huxley, William Carpenter. Besonders wichtig für Sonja wurde die Begegnung mit der unter dem männlichen Pseudonym „George Eliot" schreibenden Schriftstellerin Mary Ann Evans (1819–1880), der Verfasserin der Romane „Middle-march", „Daniel Deroda" und „Die Mühle am Floss". Kowalewskaja hatte die Bekanntschaft bewußt gesucht und Eliot geschrieben. Dieser war der Name der Heidelberger Mathematikstudentin über einen gemeinsamen englischen Bekannten durchaus geläufig, und so kamen die Treffen auf gegenseitigen Wunsch zustande. Der älteren, häßlichen Frau mit der bezaubernden Stimme hat Sonja später einen einfühlsamen und psychologisch meisterhaften Aufsatz gewidmet.[5]

„Worin eigentlich jener eigentümliche, unbestreitbare Zauber bestand, dem sich unwillkürlich jeder unterwarf, der sich ihr näherte, vermag ich tatsächlich nicht zu schildern und zu erklären. Ich glaube, es wäre ganz unmöglich, dies einem Menschen, der etwas Aehnliches noch nicht empfunden, zu definiren; sicherlich wird aber jeder, der George Eliot nur einigermaßen näher kannte, meine Worte bestätigen. Turgenjew, der bekanntlich ein großer Verehrer der weiblichen Schönheit war, äußerte sich, als er einmal mit mir von George Eliot sprach, wie folgt: ‚Ich weiß, daß sie an und für sich häßlich ist, wenn ich aber bei ihr, sehe ich es nicht.' Er sagte auch, daß George Eliot die erste war, die ihn verstehen lehrte, daß man sich in eine absolut und unbestreitbar häßliche Frau bis zum Wahnsinn verlieben könne. ...

Alle, die George Eliot gekannt haben, gedenken immer jenes besonderen Reizes, jenes besonderen Genusses, den sie in einer Unterhaltung mit ihr empfunden; indes hörte ich selten, daß man sich an irgend etwas besonders Tiefes, Originelles oder Witziges in ihren Aeußerungen erinnert hätte. ... Dafür aber besaß sie in höchstem Maße die Kunst, jemanden ins Gespräch zu ziehen, die Gedanken dessen, mit dem sie sprach, im Fluge aufzufangen und zu erraten, ihm gleichsam Gedanken zu suggeriren, als ob sie seinen Ideengang unbewußt leiten würde.

‚Ich fühle mich nie so klug und so tief, wie in einem Gespräch mit George Eliot,' sagte mir einer unserer gemeinsamen Bekannten, und ich muß gestehen, daß ich selbst mehr als einmal dasselbe empfand. Es mag sein, daß gerade in diesem Gefühl des erleichterten Denkens und der Selbstzufriedenheit, die sie unbewußt in der Seele des Partners weckte, auch das hauptsächliche Geheimnis ihres Zaubers lag. ...

Ihr Grundton, ihr ewig wiederkehrendes Motiv ist die tiefe Erkenntnis der Einheit in der Kette der Menschheit, der Nichtigkeit jedes Individuums, wenn es nur versucht, sich von dieser Kette loszureißen, seiner Wichtigkeit und Bedeutung hingegen, wenn es sein Wirken den Forderungen des allgemeinen Willens unterordnet, ein allgemeines Leben lebt. "

Und schließlich die philosophische Essenz von Eliots Dasein:

„Die Zuversicht auf den Tod giebt mir den Mut zu leben. "[6]

Eliot lebte mit einem noch nicht geschiedenen Mann zusammen und ehelichte nach dessen Tod mit fast 60 Jahren einen Dreißigjährigen. Beides erregte im viktorianischen London nicht geringen Skandal, und „anständige Frauen" hielten sich von den Sonntagsempfängen Eliots und ihres Mannes fern. Sonja aber hat die ruhige, gleichmütige Frau stets bewundert, deren leise Selbstverständlichkeit, das Ungehörige zu tun, das weibliche Selbstbewußtsein der jungen Russin wesentlich klärte und stimulierte.

Kowalewskajas später offenkundig werdende Art und Weise, für die Gleichberechtigung der Frau einzutreten, hat viel gemeinsam mit der unspektakulären Konsequenz George Eliots. Wenn beide etwas taten, was man damals Frauen als „ungehörig" oder „anmaßend" nachtrug, dann taten sie es, weil sie von der Richtigkeit des eigenen Handelns überzeugt waren und an dem als richtig Erkannten beharrlich festhielten. Ihr gesellschaftliches Verhalten war nie Provokation um der Provokation willen.

In dem Aufsatz über George Eliot stellt Kowalewskaja mit tadelndem Unterton heraus, wie sehr George Sand und Alfred de Musset, das französische Schriftstellerpaar, in beider Bücher immer und immer wieder ihre skandalumwitterte Liaison — quasi vor aller Welt — aufarbeiteten und wie wenig dergleichen bei George Eliot zu finden sei.[7]

Der Bezug zu der anderen großen Frauenschriftstellerin des Jahrhunderts, zu George Sand (1804–1876), die für ihr männliches Pseudonym zufälligerweise den gleichen Vornahmen wählte (eigentlich hieß sie Aurore Dupin), ist bezeichnend. In gewiser Weise bildet George Sand den Gegenpol zu jener Art Emanzipation, wie Kowalewskaja sie verstand.

Dabei gab es durchaus Parallelen: George Sand, deren Novellen Kowalewskajas regelmäßige Bettlektüre waren, hatte einen romantischen Glauben an „das Volk", die gesunden, guten Kräfte und Seelenregungen des Landmenschen, an eine glückliche Zukunft, wenn alle Menschen so ähnlich lebten wie die christlichen Urgemeinden — all das ist ähnlich, wenn auch nicht so intellektualistisch verbrämt wie der utopische Sozialismus eines Tschernyschewskij, dessen Roman „Was tun?" Pflichtlektüre aller Nihilisten war und mit dessen Familie die Kowalewskijs in St. Petersburg verkehrt hatten. Aber das öffentliche Leben der George Sand war ein bewußt inszeniertes Ärgernis, sie „praktizierte … ganz offen sexuelle Freiheit und politischen Radikalismus. Ihre Mißachtung für Traditionen brachte sie deutlich zum Ausdruck, indem sie Hosen zu tragen, Zigarren zu rauchen und sich wie ihre männlichen Kollegen diverser Liebhaber zu bedienen pflegte. (u.a.Chopin und

Musset; Vf.)... Ihre Energie und ihr Lebenshunger begleiteten sie bis ins hohe Alter, von dem Edmond de Goncourt berichtet, daß sie „spät abends dinierte, Champagner trank, herumhurte und sich benahm wie ein 40jähriger Student." "[8]

Ein solches Verhalten wäre bei der Tochter eines russischen Landadligen aus Witebsk ganz unvorstellbar. Sonjas Domäne waren Salongespräche — durchaus lebhafter und engagierter Art wohlgemerkt, wie die folgende Episode zeigt:

Eines Tages traf sie bei Eliot auf den streitbaren Philosophen Herbert Spencer (1820–1903), ohne zu wissen, wer er war. Spencer bestritt, daß Frauen auf dem Gebiet der reinen Abstraktion Überdurchschnittliches leisten könnten, und Sonja hielt feurig dagegen:

> „...; die wenigen Jahre, die mich von der Kindheit trennten, hatte ich in fortwährendem häuslichen Kampf verbracht, indem ich mein Recht verteidigte, mein Lieblingsstudium betreiben zu dürfen; es ist daher kein Wunder, daß ich damals von dem begeisterten Feuer des Neulings für die sogenannte ‚Frauenfrage' erfaßt war und sich jede Schüchternheit verlor, wenn ich für die gerechte Sache eine Lanze brechen mußte."[9]

Wie groß war ihr Erstaunen, als sie aufgeklärt wurde, mit wem sie es gewagt hatte, sich anzulegen!

Zurück nach Heidelberg mit einigen Passagen aus Julia Lermontowas Erinnerungen!

„Wenige Tage nach meiner Ankunft in Heidelberg im Oktober 1869 langte Sonja mit ihrem Manne aus England an. Sie schien sehr glücklich und von ihrer Reise sehr befriedigt zu sein. Sie war frisch, rosig, liebenswürdig wie damals, als ich sie zuerst sah, aber es war jetzt mehr Feuer und Glanz in ihren Augen, sie merkte selbst, wie sie neue Energie gewann, um ihre kaum begonnenen Studien fortzusetzen. Dies ernste Streben hinderte sie jedoch nicht, an allen möglichen, selbst den unbedeutendsten Dingen Vergnügen zu finden. Ich erinnere mich noch wohl unseres ersten Spazierganges am Tage nach ihrer Ankunft. Wir machten einen weiten Ausflug in die Umgebung Heidelbergs, und als wir auf einen ebenen Weg kamen, fingen wir beiden jungen Mädchen an, um die Wette zu springen wie Kinder. — Mein Gott, welche Frische liegt über der Erinnerung an diese erste Zeit unseres Universitätslebens! Sonja schien mir damals so glücklich, auf so edle Art glücklich, und doch sprach sie später von ihrer Jugend mit so bitterem Schmerz, als hätte sie dieselbe unnütz vergeudet. Ich denke immer an diese ersten Monate in Heidelberg, denke an unsere enthusiastischen Diskussionen über alle möglichen Gegenstände, an ihr so poetisches Verhältnis zu dem jungen

Gatten, der sie mit einer durch und durch idealen Liebe liebte, ohne eine Spur von Sinnlichkeit. Sie schien ihn in derselben Weise zu lieben, beiden war diese niedrige Leidenschaft noch unbekannt, welcher man den Namen Liebe zu geben pflegt. Wenn ich an dies alles denke, scheint es mir, daß Sonja keine Veranlassung hatte, sich zu beklagen. Ihre Jugend war wirklich voller Streben und voll edler Neigungen, und an ihrer Seite lebte ein Mann, der sie zärtlich, mit verhaltener Leidenschaft liebte. Das war die einzige Zeit, in der ich Sonja glücklich sah."[10]

Dennoch war Sonja von einem geheimen Groll auf Wladimir und seine Selbstgenügsamkeit erfüllt. „Sonja sagte oft, er brauche nichts weiter als ein Buch und ein Glas Thee, um sich vollkommen zufrieden zu fühlen. ... Als Sonja in späteren Jahren mit mir über ihr früheres Leben sprach, war ihre bitterste Klage immer die: *Niemand hat mich jemals wirklich geliebt.* — Und wenn ich einwendete: ‚Aber dein Mann liebte dich doch so sehr,‘ sagte sie immer: *Er liebte mich nur, wenn ich bei ihm war, aber es wurde ihm so leicht, getrennt von mir zu leben.*"[11] Die Scheinehe begann, ihren Tribut zu fordern.

Zunächst aber brachen sie ihre Zelte in Heidelberg nach zwei Semestern ab; während Kowalewskij vorerst nach Leipzig ging, wollte Sonja ihre Studien in Berlin fortsetzen, bei Karl Weierstraß.

Durch Königsberger war ihr Interesse auf eine spezielle mathematische Theorie, die sogenannte Funktionentheorie, gelenkt worden, auf die wir im nächsten Kapitel näher eingehen werden. Diese war in der damaligen Zeit eine deutsche Domäne, und ihr führender Vertreter war der erwähnte Weierstraß. Was war konsequenter, als von ihm direkt profitieren zu wollen?

Daß Weierstraß einmal einer der berühmtesten Mathematiker seiner Zeit werden sollte, war dem Bauernsohn aus dem westfälischen Ostenfelde nicht an der Wiege gesungen worden. Erst über die in Bonn betriebene Kameralistik kam er zur Mathematik — ab 1839 an der Akademie (noch nicht Universität) Münster. Dann verschlug es ihn in die hinterste preußische Provinz, nach Deutsch-Krone, wo er Lehrer für Schönschreiben (!), Turnen (!) und, immerhin, Mathematik wurde, dann 1848–1855 in das ostpreußische Braunsberg. Erst eine Sensation machende Publikation über Abelsche Funktionen (1854 im 47. Band des hochangesehenen Crelle-Journals) war der Anfang seines mathematischen Ruhmes; die Universität Königsberg verlieh ihm die Ehrendoktorwürde, und die preußische Kultusbürokratie geruhte, ihn zum Oberlehrer (!) zu befördern. Bis er aber eine ordentliche Professur an der Berliner Universität erhielt, war er fast 40 Jahre alt (1864). Von da ab aber strahlte sein Stern als „praeceptor mathematicus Germaniae" (Reinhold Remmert), ja als „Meister von uns allen", wie Hermite dem jungen Mittag-Leffler sagte (1873). Obwohl er wenig publizierte, verbreiteten seine Schüler seinen Ruhm — Königsberger in Heidelberg, Schwarz in Zürich, Fuchs in Göttingen, später Mittag-Leffler in Stockholm und, last, not least, Kowalewskaja an den vier Ecken Europas. Aber so weit sind wir noch nicht. Zunächst stand am 30. Oktober 1870 nur eine kleine schüchterne Frau vor dem berühmten Meister in der Potsdamer Straße 40. Ihr Gesicht war unter einem großen Hut verborgen. Sie kam zur Wohnung, weil man hier in Berlin keineswegs so großzügig war wie in Heidelberg: Eine Sonderzulassung für einzelne Veranstaltungen gab es nicht[12], und so mußte sie ihn bitten, ihr Privatstunden zu geben. Weierstraß willigte zögernd und etwas mißtrauisch ein.[13]

„Es gab zu dieser Zeit alle möglichen und nicht sonderlich schmeichelhaften Gerüchte über das Betragen russischer Studentinnen, die ihren Hauptstützpunkt in Zürich hatten, und Weierstraß blickte wohl kaum mit Wohlwollen einer Schülerin entgegen, die vielleicht zu dieser verschrienen Truppe gehörte." Er wollte von Königsberger wissen, „ob die Dame die erforderlichen Garantien bietet."[14] Aber bald übertraf seine einzige Schülerin alle seine Erwartungen und avancierte zu seinem Aushängeschild, zum „besten Schüler, den er je gehabt hat."[15] Aus der steifen Förmlichkeit des Anfangs wurde eine lebenslange Freundschaft, und es ist kaum abzumessen, wieviel Kowalewskaja dem väterlichen Beschützer menschlich und fachlich verdankt. Einen ungefähren Einblick gewähren die 88 überlieferten Briefe, die er an sie geschrieben hat.[16] Die an ihn adressierten hat er nach ihrem Tode eigenhändig verbrannt ...

Kaum aber hatte Sonja in Berlin einigermaßen Fuß gefaßt (sie wohnte mit Lermontowa ganz in Weierstraß' Nähe, Potsdamer Straße 27 a), als die Sorge um Anjuta sie, gemeinsam mit ihrem Mann, nach Paris trieb. An der Seite Jaclards, den sie am 27. März 1871 geheiratet hatte, war die Schwester eine aktive Teilnehmerin am Aufstand der Pariser Kommune 1871.

Schon in Heidelberg, wenn Anjuta bei der kleinen russischen Kolonie in der Neckarstraß einkehrte, hatte es politische Dispute gegeben. „ „Jetzt ist die Zeit, dem Volk zu helfen', überschreibt Koblitz den Leitsatz von Anjuta und der Mathematikstudentin Natalie Armfeldt, die für eine aktive Teilnahme an der Revolution plädierten. Demgegenüber standen Sonja, Julia und Zhanna Ewreinowa, die sich als Ziel setzten, durch das Erreichen eines offiziellen Universitätsabschlusses für die Rechte der Frauen auf Bildung zu kämpfen."

Anjuta hatte an der Seite Jaclards im schweizerischen Exil gegen das Zweite Kaiserreich gekämpft und war nach dessen Sturz mit ihrem

Mann nach Lyon gegangen, wo er offiziell im Komitee für öffentliche Sicherheit saß, insgeheim aber auch die Marxisten der Ersten Internationale vertrat.[18] Hier war denn auch Anjutas politische Heimat zu finden: bei Marx, dessen Texte sie teilweise ins Russische übertrug, oder bei dem französischen Sozialisten L. Auguste Blanqui (1805 bis 1881), dessen Schriften über die Technik der Verschwörung und des bewaffneten Aufstandes die spätere kommunistische Bewegung stark beeinflussen sollten.

Als die Provisorische Regierung der neuen Republik sowohl die nationalen Erwartungen (mit dem Waffenstillstand) enttäuschte als auch auf die sozialen Wünsche breiter Bevölkerungsschichten in großbürgerlicher Arroganz nicht einging, staute sich Unmut auf, der sich in einem Aufstand der Pariser Bevölkerung entlud und in der Machtübernahme durch den Pariser Gemeinderat, die „Kommune", endete. Hier waren revolutionär-kommunistische Kräfte sehr stark vertreten, und Jaclard arrivierte zum Generalinspektor für die Stärkung der Verteidigung von Paris. Anjuta wurde Mitglied sowohl im Wachkomitee für Montmartre als auch im Zentralkomitee der radikalen „Frauenunion". Die Tageszeitung «La Sociale» sah sie als Mitherausgeberin.

Die Kowalewskijs erreichten das belagerte Paris auf geheimen Pfaden, die einem Roman Karl Mays alle Ehre gemacht hätten. Weder die nach Versailles ausgewichene Regierung von Adolphe Thiers noch die deutsche Seite gestatteten ihnen nämlich die Durchreise, so daß sie bei Nacht unter Lebensgefahr die deutschen Linien durchquerten und in einem Ruderboot die Seine überwanden, um in eine Stadt zu gelangen, in der seit Tagen geschossen wurde. Sie bleiben hier vom 10. April bis zum 12. Mai. Sonja, ohne politische Ambition, begleitete ihre Schwester in Lazarette und Krankenhäuser.

Als die schlimmsten Kämpfe um das Bestehen der Kommune tobten (vom 20. bis 30. Mai 1871), war sie mit Wladimir schon nach Berlin zurückgekehrt. Die Pariser Greuel auf beiden Seiten, die 25 000 getöteten Kommunarden, das blutige Massaker auf dem Friedhof Père Lachaise — all das hatte sie nicht miterleben müssen.

Aber Jaclard, der überlebt hatte, war von den siegreichen bürgerlichen Truppen gestellt worden, und ihn erwartete die Todesstrafe. In ihrer Not wußten sich die Schwestern nicht anders zu helfen, als General Korwin-Krukowskij dringend nach Paris zu bitten, von dem sie wußten, daß er Adolphe Thiers persönlich kannte. Das Entsetzen der Eltern, die ihre Älteste als Frau dieses Linksradikalen im Hexenkessel des brodelnden Paris in Lebensgefahr wußten, mag sich jeder selbst ausmalen. Aber der alt gewordene Mann sprang einmal mehr über seinen Schatten und reiste mit seiner Frau aus dem Stand heraus nach Paris.

Angeblich war er es, der mit viel Geld (20 000 Rubeln) Thiers' geheimes Einverständnis erreichte, Jaclard bei einer Gefangenenüberführung auf offener Straße entwischen zu lassen. Mit Wladimirs Paß flüchtete er in die Schweiz, wohin ihm die überglückliche Anjuta bald folgte (nachdem sie sich zwischenzeitlich in Heidelberg, unter der Obhut der unvermeidlichen Adelungs aus Stuttgart, und in London bei Marx erholt hatte). 1873 wurde ihr Sohn Urij geboren.

Im Juni 1871 war Sonja zurück in Berlin, wo der besorgte Weierstraß sie händeringend erwartete. Den Sommer verbrachten die urlaubsreifen Kowalewskijs in Rußland. Den Plan, eine Novelle über die Kommune — Erlebnisse zu schreiben[19], verwirklichte Sonja nie.

Offensichtlich war ihr auch nicht daran gelegen. Die Pariser Kommune, nach Marx und Engels der erste Probelauf der proletarischen Revolution, erweckte in ihr keinerlei politischen Enthusiasmus — jedenfalls ist nichts dergleichen überliefert. Sie unterschied sich in diesem Punkte ganz deutlich von ihrer Schwester, an deren Seite sie in Paris Verwundete pflegte — eine philanthropische Geste, aber mehr nicht.

Der Aufenthalt in Paris hatte übrigens Wladimirs wissenschaftliche Berufung entschieden. Der gleichmütige Mann war mitten in der Belagerung ganze Tage im Jardin des Plantes gewesen und hatte Molluskeln studiert. Er entwickelte sich zum anerkannten Paläontologen. Nach der Rückkehr aus Paris trennte er sich von seiner Frau, studierte in Jena und promovierte hier 1872 „Über das Anchitherium aurealianense und die paläontologische Geschichte des Pferdes" summa cum laude.[20] Später wurde er Paläontologiedozent in Moskau, wovon wir weiter unten noch hören werden.

Mit dem Wintersemester 1871/72 begann für Kowalewskaja die Zeit intensivster Arbeit, begann, nach Lermontowa, ihre notorische Arbeitswut: „Wir wohnten ganz allein. Sonja saß den ganzen Tag über ihren Papieren, ich war fast bis zum Abend im Laboratorium. Abends, nachdem wir in Eile gegessen hatten, setzten wir uns von neuem zur Arbeit. Außer Professor Weierstraß, der oft kam, sahen wir nie einen Menschen in unserer Wohnung. Sonja war sehr niedergedrückt, nichts machte ihr Freude. Alles, außer ihrem Studium, war ihr gleichgültig. Der Besuch ihres Mannes frischte sie immer etwas auf, aber die Freude ihres Zusammenseins wurde immer durch Mißverständnisse und Vorwürfe gestört, obgleich sie gegenseitig sehr aneinander hingen. Sie machten immer lange, einsame Spaziergänge."[21]

Auch Marie von Bunsen überliefert das Bild von ihrer „schlechten Wohnung, schlechten Luft, schlechten Nahrung bei unablässig übertriebener, erschöpfender Arbeit und keiner Zerstreuung."[22]

Vom jugendlichen Springinsfeld zur verbissenen Arbeitsmaschine: Die Wandlungsfähigkeit Kowalewskajas — oder besser gesagt: ihre Vielgesichtigkeit — bleibt erstaunlich. Ihr ganzes Leben wird von diesen Wechselbädern durchzogen sein. Mit der gleichen Konsequenz wird sie später Gesellschaftsdame sein, Ehefrau und Mutter, Geschäftsfrau und wieder Wissenschaftlerin — und jedesmal meint man, eine andere Person vor sich zu haben.

Diese Berliner Jahre haben aber, bei all ihrer Monotonie, das weitere Leben Kowalewskajas vorbestimmt. „... *alle meine Arbeiten sind im Geiste der Weierstraß'schen Ideen verfaßt*"[23], hat sie noch 1890 gestanden. Man vergleiche etwa die Themenkreise, über die Weierstraß 1870/74 Vorlesungen gehalten hat, mit den Schwerpunkten von Kowalewskajas Arbeiten, und man erkennt sofort die Übereinstimmungen. Nur von Weierstraß her wird die Mathematik der Russin verständlich. Aber auch persönlich haben beide voneinander profitiert. Weierstraß nannte sie seine „teuere (...) Freundin, die ein gütiges Geschick mich noch in späten Jahren finden ließ", seine „einzige(...) wirkliche(...) Freundin."[24] Seine Anreden in den Briefen lauteten: „Meine liebe Freundin!", „Teuerste Sonia!" oder: „Meine teuere Sophie!" Gemeinsam konnten sie auch „träumen und schwärmen über so viele Rätsel, die uns zu lösen bleiben, über endliche und unendliche Räume, über die Stabilität des Weltsystems, und alle die anderen großen Aufgaben der Mathematik und Physik der Zukunft."[25] Ob eine leichte Verliebtheit des unverheirateten älteren Mannes, der mit zwei ebenfalls unverheirateten Schwestern einen Haushalt bestritt, bei der Beziehung eine Rolle spielte, weil, wie Litwinowa meint, Sonja an eine Jugendliebe Weierstraß' erinnerte[26], sei dahingestellt.

In Weierstraß fand Kowalewskaja den Typus des freundschaftlich beschützenden Mannes, dem sie ihr Leben lang anhängen wird und den der Ehemann Wladimir doch nicht so gut darstellte, wie sie 1869 einmal gemeint hatte. Gösta Mittag-Leffler und Maxim M. Kowalewskij werden später, wenn auch auf ganz unterschiedliche Weise, eine entsprechende Rolle spielen.

Von Sonjas Seite aus war es jedenfalls keine Verliebtheit, wie sie dem eifersüchtigen Wladimir (ca. 1873) ironisch erklärte:

„In meiner neuen Freundschaft ist vieles poetisch, ideal, offenherzig, und sie gibt mir schrecklich viel Glück und Freude; aber, leider, es steckt nichts von einer Romanze in ihr! Wirklich, es ist sehr unangenehm für mich, Dir zu schreiben, daß ich mir zwei Tage das Hirn zermartert habe, um herauszubekommen, ob ich nicht wenigstens eine kleine Romanze aus meiner Freundschaft machen könnte; aber nein,

Abb. 1: Der Vater, General Wassilij Wassiljewitsch Korwin-Krukowskij.

Abb. 2: Die Mutter, Elisaweta Fedorowna Korwin-
Krukowskaja, geb. Schubert.

Abb. 3: Sofia Korwin-Krukowskaja als 15jährige (1865).

Abb. 4: Sofia Kowalewskaja als Mittzwanzigerin.

Abb. 5: Die Schwester Anjuta Jaclard
(geb. Korwin-Krukowskaja) als reife Frau.

Abb. 6: Der Ehemann,
Wladimir Onufriewitsch
Kowalewskij.

Abb. 7: Sofia Kowa-
lewskaja im Jahre 1878.

Abb. 8: Die Freundin
Julia Wsewolodowna
Lermontowa.

Abb. 9: Der norwegische
Mathematiker Niels
Hendrik Abel.

Abb. 10: Der Lehrer, Karl Weierstraß.

es geht nicht; und meine Liebe zur Wahrheit zwingt mich, auf Deinen Irrtum aufmerksam zu machen."[27]

Andererseits wollte sie nicht, daß Weierstraß andere Privatschülerinnen annahm, etwa die Litwinowa![28] Übrigens kannte Weierstraß den Scheincharakter ihrer Ehe[29], verhielt sich aber sehr diskret.

Einige Ferienaufenthalte lockerten Sonjas äußerlich öde Berliner Existenz etwas auf: Sommer 1872 in Palibino, Sommer 1873 zum großen Familientreffen in Zürich bei den Jaclards, zu dem auch die Eltern aus Rußland anreisten (Litwinowa und Lermontowa waren auch dabei), anschließend mit Wladimir in Lausanne. Zwischendurch spielte sie einmal mit dem Gedanken, ganz in Zürich zu bleiben — hier konnten Frauen gleichberechtigt studieren. Außerdem hätte sich der dort lehrende Weierstraß-Schüler Hermann Amandus Schwarz ihrer angenommen. Aber sie blieb dann doch Berlin und dem Meister treu und bereitete ihre Promotion vor.

Es zeigt sich, daß Emanzipationsstreben und politisches Engagement (Zürich war die westeuropäische Drehscheibe schlechthin für radikale russische Emigranten) der wissenschaftlichen Qualifizierung nachstehen mußten!

In Berlin selbst war natürlich an eine Promotion nicht zu denken. Aber Weierstraß, der seine Schüler überall sitzen hatte, erwirkte über Lazarus Fuchs eine Möglichkeit in Göttingen, im Juni 1874 als Externe zu promovieren.[30] Sie legte gleich drei schriftliche Arbeiten vor, deren erste, *Zur Theorie der partiellen Differentialgleichungen*[31], das nachmals berühmt gewordene Cauchy-Kowalewskaja-Theorem enthielt und schon 1875 in dem renommierten Crelleschen „Journal für reine und angewandte Mathematik" erschien. Die beiden anderen Arbeiten, eine mathematische, *Über die Reduction einer bestimmten Klasse Abel'scher Integrale 3ten Ranges auf elliptische Integrale*[32], und eine physikalisch-astronomische, *Zusätze und Bemerkungen zu Laplace's Untersuchungen über die Gestalt des Saturnringes*[33], erschienen später (1884 und 1885) ebenfalls gedruckt.

Die Fakultät in Göttingen zeigte sich sehr beeindruckt und verlieh den Dr. phil. summa cum laude. Eine mündliche Disputation blieb ihr erspart, wohl weniger, wie sie euphorisch meinte, weil ihre Arbeiten *„so befriedigend befunden"* wurden[34], sondern weil Weierstraß dafür gesorgt hatte, daß seine des öffentlichen wissenschaftlichen Redens völlig unkundige und auch das Deutsche eher gebrochen sprechende Schülerin davon stillschweigend ausgenommen wurde.[35] Wie wohl er daran getan hatte und wie wenig die Disputation *„einer im Grunde genommen unwesentlichen Formalität"*[36] glich, zeigte sich noch im gleichen Jahr an der gleichen Universität, als Lermontowa bei der Chemie-Prüfung gehörig durch die Mangel gedreht wurde: „Ich kann mich noch nicht einmal erinnern, wie ich aus alledem lebend herauskam."[37]

So hatte Kowalewskajas Streben nach wissenschaftlicher Betätigung und Bestätigung mit einem Triumph geendet, und in Insider-Kreisen wurde sie rasch eine Berühmtheit. Aber wie sollte es nun weitergehen? Welches Ziel sollte ihr Leben nun erhalten?

Sie tat das, was zunächst einmal natürlich erscheint: Sie ging zurück in die Heimat, zusammen mit ihrem Mann. Doch würde dieses neuerliche Zusammenleben gutgehen? Schon im November 1871 hatte Wladimir in einem langen Brief an seinen Bruder Alexander mit erstaunlicher Offenheit und Hellsichtigkeit die verfahrene Situation ihrer Ehe analysiert:

„Ich liebe Sofia außerordentlich, obwohl ich nicht sagen kann, daß ich das bin, was man verliebt nennt; ganz zu Anfang schien sich wirkliche Liebe zu entwickeln, aber nun ist eine ruhige Anhänglichkeit eingetreten.

Während unseres Zusammenseins wollte ich dieses natürlich sehr. Ich hätte sogar ihr Ehemann sein können, aber aus vielen Gründen habe ich davor immer wirkliche Angst gehabt. Erstens, besonders da wir für einen bestimmten Zweck verbunden wurden, wäre es nicht richtig gewesen, die Ehe zu vollziehen; es wäre so gewesen, als hätte ich eine Frau gestohlen — eine unangenehme Vorstellung für mich. Zweitens kann Sofa, meiner Meinung nach, absolut keine Mutter sein; es gibt keine einzige mütterliche Regung in ihr, sie haßt Kinder schlicht und einfach. Drittens kann ich selbst nicht die Verantwortung übernehmen, Vater zu sein, besonders neben einer Person wie Sofa. Sie ist ein Mensch, für den man wie ein Kind sorgen muß. Sie kann einfach keinen Abend alleine zubringen, und sie würde aufhören, jemanden zu lieben, der nicht ständig um sie herum wäre und dem sie nicht zutrauen würde, sie nie zu verlassen.

In meinem Charakter und meiner Arbeitsweise bin ich so etwas wie ein Nomade, ein Wanderer; sie verabscheut das; Eisenbahnen verursachen ihr Widerwillen. Ich kann nicht versprechen, daß ich mich ändere und zum Palastdiener werde. Ich würde mich zutiefst unglücklich fühlen, an einen Ort gebunden zu sein. Sie würde mich nicht begleiten, oder, falls aus Notwendigkeit doch, schwermütig sein.

Sie braucht ein ruhiges, manchmal aber auch lustiges Leben an einem bestimmten Ort mit vielen guten Freunden. Ich kann ihr das nicht bieten. ... Abgesehen davon fangen ihre guten Freunde an, ihr zu erzählen, wie wenig wir zueinander passen. Das ist natürlich unangenehm, obwohl ich mir selbst darüber im klaren bin. Ich denke, wir sollten unser beider Leben nicht dauernd aneinanderketten, denn wir würden uns unglücklich machen, aber wir müssen gute Freunde bleiben. Daneben ist unsere Arbeit so unterschiedlich. Für sie gibt es neben der Mathematik keine andere Wissenschaft; letztlich interessiert sie anderes gar nicht; und solch eine Situation, wenn jeder sein Fach aufrichtig liebt, bringt Menschen sicherlich auseinander. Die Gesellschaft von Mathematikern ist für sie notwendig, während ich in einer solchen Gesellschaft überflüssig und lächerlich wäre, der ich kein Interesse an Mathematik habe.

Ich bin ungeeignet als Vater, und auch wenn es zeitweise hart ist, so einsam zu sein, bin ich doch beruhigt, daß niemand sich um mich Sorgen machen muß; und doch, der Gedanke an Dich, Sascha, und die Tatsache, daß wir wirkliche Freunde sind und uns lieben, beruhigt mich tief. Ich kann mich immer auf Dich verlassen und weiß, daß Du mir alles vergeben und daß Du vor anderen für mich einstehen wirst und daß Du Dir überhaupt Sorgen um mich machen wirst, bevor ich sie mir noch selber mache. ...

Wir beide (Sonja und er; Vf.) bedauern nun unsere Heirat. Es tut mir leid für sie, denn der Verheiratetenstatus schränkt sie furchtbar ein und kann dies zukünftig sogar noch mehr tun. Natürlich — wenn sie sich aufrichtig in jemanden verlieben würde und dieser Mensch wäre gut, würde ich alle Schuld auf mich nehmen, um eine Scheidung zu erreichen und sie frei zu machen.

Alles in allem, ich liebe sie sehr, sehr — mehr als sie mich liebt —, aber ich kann nicht fortwährend die Rolle einer männlichen Krankenschwester übernehmen (wofür sie mich vollständig lieben würde); um diesen Preis könnte ich ihr Mann sein, aber ich fürchte, ich könnte die Rolle nicht durchhalten, und was würde das arme Ding dann tun?

Tatsächlich glaube ich nicht, daß sie ein glücklicher Mensch sein wird; es gibt so viel in ihrem Charakter, das dieses nicht erlauben wird, es sei denn, sie trifft auf eine außerordentlich gute und talentierte Persönlichkeit, und es ist unwahrscheinlich, daß diese Rarität eintritt."[38]

Alles das stimmte und bewahrheitete sich später auch. Aber in der Hochstimmung des Sommers 1874 zählten diese wohlerwogenen Reserven nicht mehr. Gemeinsam machten die Kowalewskijs zunächst in Palibino Station und ließen sich dann im Herbst in Petersburg nieder.

Die frühen mathematischen Arbeiten Kowalewskajas

In diesem Kapitel erörtern und referieren wir die Resultate von Kowalewskajas erster wissenschaftlicher Schaffensperiode, im wesentlichen also ihre im Zeitraum 1872 bis 1874 unter Weierstraß entstandenen Dissertationsschriften (und eine weitere, zeitlich wie inhaltlich in diesen Rahmen gehörenden Arbeit).

Wir erinnern an die eingangs gemachten Ausführungen zum Aufbau der Kowalewskajas Mathematik betreffenden Kapitel: Auf einen möglichst allgemeinverständlichen, dabei auf (mathematik-)historischen Kontext und Relevanz einer einzelnen Arbeit eingehenden Teil folgen jeweils anschließend die die Arbeit betreffenden Ausführungen für Leser mit mathematischem Hintergrund. Letztere sind durch einen Stern von dem ersten Teil abgesetzt; ihr Ende markieren drei Sterne.

Von den insgesamt drei zum Zwecke der Promotion angefertigten Schriften Kowalewskajas sticht eine besonders hervor; es ist die das sogenannte „Cauchy-Kowalewskaja-Theorem" beinhaltende. Wegen ihrer mathematischen Signifikanz wurde diese (übrigens fanden alle Schriften Verleger!) bereits 1875 im renommierten „Journal für die reine und angewandte Mathematik", dem „Crelle-Journal", veröffentlicht, und zwar unter dem Titel *Zur Theorie der partiellen Differentialgleichungen.*

Die Theorie der (gewöhnlichen und partiellen) Differentialgleichungen ist ein zentrales mathematisches Forschungsgebiet und für viele mathematische Disziplinen von Bedeutung. Sie findet darüber hinaus Anwendungen in Naturwissenschaft und Technik, ja sogar in der Medizin, den Wirtschafts- und Sozialwissenschaften wie auch dem Bank- und Versicherungswesen.

Dieser Theorie und Kowalewskajas Resultat wollen wir uns nun — behutsam — nähern:

In der Mathematik wie in den Anwendungen läuft die mathematische Behandlung eines gegebenen Problems (in den Anwendungen sind diese Probleme dann quantitativer Natur und werden auf geeignete Weise „mathematisch modelliert") oft darauf hinaus, eine oder mehrere durch das Problem bestimmte „Gleichungen" lösen zu müssen.

Solche Gleichungen, die gesuchte mathematische Objekte mit gegebenen in Beziehung setzen, können — je nach Problemstellung und Typ der Objekte — von sehr unterschiedlicher Form und Komplexität sein.

Zwei einfache Beispiele mögen dies belegen:

Ein jeder, und dies tagtäglich, löst Gleichungen elementarer Art, wenn er sich zum Beispiel ausrechnet, wieviel Zeit ihm noch bis zu einem gegebenen Termin verbleibt oder welcher Weg von zwei möglichen der kürzere ist.

Das Problem, längs welcher Wege und in welcher Reihenfolge die Fahrer einer Spedition beispielsweise 50 gegebene Zielorte ansteuern sollten, um die Ausgaben der Firma möglichst niedrig zu halten, ist jedoch bereits weitaus komplexerer Natur, da es auf die Lösung einer fast unüberschaubaren Anzahl von Gleichungen hinausläuft.

In diesen Beispielen sind die gesuchten Objekte, die Lösungen der Gleichungen, einfach Zahlen.

Im Mathematikunterricht etwa der gymnasialen Oberstufe lernt man jedoch bereits auch schon die einfachsten Typen der Gleichungen kennen, die uns im folgenden interessieren werden: die Differentialgleichungen. Ihre Lösungen sind abstraktere Objekte als Zahlen, nämlich Funktionen. Der Name „Differentialgleichungen" besagt, daß in diesen Gleichungen eine oder mehrere Ableitungen — in anderer Terminologie: „Differentiale" — der gesuchten Funktion auftreten.

Und wo treten Differentialgleichungen im Mathematikunterricht auf? Nun, in der Integralrechnung geht es bei der Bestimmung von Stammfunktionen bzw. (unbestimmten) Integralen F einer gegebenen Funktion f im Grunde genommen ja um nichts anderes als die Bestimmung der Lösungen F der Differentialgleichung „$F' = f$"! —

Die allgemeine Theorie der Differentialgleichungen ist allerdings weitaus komplizierter. Man hat nämlich dort zum einen mit eventuell sehr vielen gleichzeitig gegebenen Gleichungen (wie im Speditionsbeispiel) zu tun, die sich auch noch gegenseitig beeinflussen können, einem „System" von Gleichungen, zum anderen läßt man auch allgemeinere Funktionen zu als solche einer einzigen Veränderlichen mit Werten in den reellen Zahlen.

Einen ersten Eindruck gewinnt man am besten wieder durch ein (hier der Physik entstammendes) Beispiel: In der Klassischen (Newtonschen) Mechanik untersucht man die Bewegung von Körpern im Raum, wobei diese unter dem Einfluß gewisser „mechanischer" Kräfte stehen können. Man steht dort vor der Aufgabe, aus der Kenntnis der Kräfte, die auf das „mechanische System" einwirken, die Bewegung des Systems selbst zu bestimmen, also zu berechnen, zu welcher Zeit sich das System an welchem Ort befindet (man denke etwa an einen unter dem Einfluß der Schwerkraft fallenden Stein).

Denkt man sich den physikalischen Raum, in dem die Bewegung verläuft, mit einem „Koordinatensystem" ausgestattet, so läuft dies mathematisch gesehen darauf hinaus, bei gegebenen Kräften die „Koordinaten" des Systems im Raum als Funktion der Zeit zu bestimmen (nach soundsoviel Sekunden ist der Stein auf der und der Höhe!).

Mit Newtons fundamentalem Postulat der Proportionalität von einwirkender Kraft und ausgeübter Beschleunigung ergibt sich dann daraus (die Beschleunigung ist die zweite Ableitung der Ortsfunktion nach der Zeit), daß die gesuchten Funktionen Lösungen eines durch die gegebenen Kräfte determinierten Systems von Differentialgleichungen sind. Die mathematische Lösung des physikalischen Problems besteht also darin, ein „System" (es handelt sich um das Auffinden mehrerer Funktionen (hier die x-, y- und z-Koordinaten der die das mechanische System konstituierenden Körper als Funktionen der Zeit), die eventuell noch durch zusätzliche Bedingungen untereinander verknüpft sind) von Differentialgleichungen zu lösen; die mathematische Analyse eines „mechanischen Systems" führt somit (über ein „Koordinaten-System") zum Studium eines Differentialgleichungs-„Systems"!

Meist müssen die gesuchten Funktionen, eventuell auch ihre Ableitungen, noch gewisse „Anfangsbedingungen" erfüllen, also für einen gegebenen festen Zeitpunkt vorgeschriebene Werte annehmen. Wenn man zum Beispiel weiß, daß der Körper zu einem festen Zeitpunkt mit bestimmter Geschwindigkeit an einem bestimmten Ort ist, müssen die Lösungsfunktionen dies natürlich respektieren und dürfen zu diesem Zeitpunkt keine anderen Werte annehmen (um Punkt zwölf ist der Stein in 100 m Höhe und fällt mit 10 km/h). Bei vorgegebenen Anfangsbedingungen spricht man dann auch von der Lösung eines „Anfangswertproblems".

Nebenbei sei bemerkt, daß (unter gewissen — allerdings sehr allgemeinen — Voraussetzungen) Anfangswertprobleme stets eine — und dann eindeutige — Lösung besitzen. Dies bedeutet in diesem Kontext: Kennt man Ort und Geschwindigkeit des physikalischen Systems zu einem festen Zeitpunkt, so kennt man diese Größen zu allen (erlaubten) Zeiten in Vergangenheit und Zukunft; da aus Ort und Geschwindigkeit wiederum alle anderen im Rahmen der klassischen Mechanik physikalisch relevanten Größen des Systems berechenbar sind, legt somit die „bloße" Kenntnis von Ort und Geschwindigkeit des Systems zu einem festen Zeitpunkt dessen gesamte (mechanische) Zukunft und Vergangenheit bereits eindeutig fest!

Dieser auch als „Determinismus der klassischen Physik" bezeichnete Sachverhalt — obwohl letztlich nur unmittelbare mathematische Konsequenz der physikalischen Postulate der Theorie — reizte übrigens das wissenschaftsgläubige 18. und 19. Jahrhundert zu manch metaphysischer Spekulation.[2]

Bisher haben wir nur sogenannte „gewöhnliche" Differentialgleichungen betrachtet, bei denen die gesuchten Funktionen Funktionen
einer einzigen unabhängigen Variablen (hier der Zeit) sind.

Zu den partiellen Differentialgleichungen gelangt man durch das
Studium von Funktionen, die von mehreren unabhängigen Veränderlichen abhängen. So ist zum Beispiel der Luftdruck eine Funktion mehrerer Variablen: Er hängt ab von den vier Variablen geographische Länge,
geographische Breite, Höhe über der Erdoberfläche und der Zeit.

Für geeignete Funktionen mehrerer Veränderlicher kann man nun
den Begriff der „partiellen Ableitung" erklären: Hält man nämlich alle
Variablen bis auf eine fest, so erhält man eine Funktion nur noch einer Variablen, und bezüglich dieser kann man dann die Funktion auf
herkömmliche Weise ableiten. So erhält man die partielle Ableitung
der Funktion nach dieser Variablen (im fixierten Punkt). Betrachten
wir dazu nochmals das Luftdruckbeispiel: Möchte man wissen, wie sich
der Luftdruck an einem bestimmten Ort im Laufe der Zeit ändert, so
bildet man dazu an diesem Ort mit fester geographischer Länge, Breite und Höhe die partielle Ableitung der Luftdrucksfunktion nach der
Zeitvariablen.

Partielle Ableitungen können, als Funktionen aufgefaßt, auch
selbst wieder ableitbar sein; und so gelangt man zu partiellen Ableitungen „höherer Ordnung".

Partielle Differentialgleichungen sind nun einfach Bestimmungs-
gleichungen für Funktionen, in denen (im allgemeinen auch höhere)
partielle Ableitungen der gesuchten Funktion mehrerer Variabler vor-
kommen. Analog zu gewöhnlichen Differentialgleichungen lassen sich
auch hier Systeme von partiellen Differentialgleichungen und Anfangswertprobleme betrachten. Genau damit beschäftigte sich Sofia Kowalewskaja:

Wie bei allen anderen Gleichungen ergibt sich auch beim Studium
von Differentialgleichungen zunächst die Frage, ob eine gegebene Gleichung überhaupt lösbar ist, und, wenn ja, wieviele Lösungen sie hat,
mit anderen Worten: die Frage nach der Existenz und Eindeutigkeit
der Lösungen einer Differentialgleichung.

Die Mathematiker des 18. Jahrhunderts zeigten allerdings für die
Frage der Existenz von Lösungen für gewöhnliche oder partielle Differentialgleichungen als solche noch kein sonderlich entwickeltes Pro-
blembewußtsein; sie nahmen die Existenz von Lösungen meist einfach
stillschweigend an.[3] Erst im 19. Jahrhundert beschäftigte man sich mit
diesen Fragen in strenger Form.

Der französische Mathematiker Augustin-Louis Cauchy (1789 bis
1857) begann 1842 damit, sich in einer Reihe von fünf Publikationen[4]

diesem Thema zu widmen, wobei er vor allem Anfangswertprobleme untersuchte, die deshalb heute auch synonym als „Cauchy-Probleme" bezeichnet werden.

Inspiriert durch seine Arbeiten auf dem Gebiet der Funktionentheorie, untersuchte Weierstraß im gleichen Jahr unabhängig von Cauchy ähnliche Probleme und fand einen Existenz- und Eindeutigkeitssatz für Lösungen von speziellen Systemen gewöhnlicher Differentialgleichungen[5] (den er jedoch erst 1894 publizierte). Danach wandte er sich anderen Fragestellungen zu. Dreißig Jahre später griff er das Thema wieder auf; er hoffte, durch seinen früheren Erfolg ermutigt, daß ein analoges Resultat auch für partielle Differentialgleichungen zu erzielen sei.[6]

Den Beweis für die Richtigkeit dieser Vermutung sollte Kowalewskaja in ihrer Promotion antreten.

Doch Kowalewskaja fand durch ein (ebenso einfaches wie elegantes!) Gegenbeispiel heraus, daß Weierstraß' Vermutung in dieser Form nicht haltbar war. Ihre nicht zu unterschätzende Leistung bestand darin, die richtigen Voraussetzungen für die Gültigkeit eines Existenz- und Eindeutigkeitssatzes für Systeme partieller Differentialgleichungen zu formulieren. In ihrer oben erwähnten Arbeit zeigte sie dann u.a., daß unter diesen Voraussetzungen immer eine Lösung existiert und das Cauchy-Problem in diesem Falle eindeutig lösbar ist.

Das ist das Theorem von Cauchy-Kowalewskaja. Den Beinamen „Cauchy" erhielt es allerdings nicht wegen der Lösung des Cauchy-Problems, sondern weil ihr Resultat in gewisser Form[7] schon in Cauchys Arbeiten, von denen allerdings weder sie noch Weierstraß Kenntnis hatten[8,9], enthalten war.

Der französische Mathematiker Henri Poincaré (1854–1912) schrieb jedoch[10], daß erst Kowalewskaja diesem Theorem seine endgültige, definitive Form gegeben habe, und pries die Eleganz ihrer Beweisführung.

Sein Landsmann Charles Hermite (1822–1901) meinte[11], daß sie damit „das letzte Wort" zu diesem Thema gesprochen habe und „daß ihre Arbeit für alle zukünftigen Untersuchungen auf dem Gebiet der partiellen Differentialgleichungen der Ausgangspunkt sein" werde.

Nach Oleinik[12] und Kotschina[13] hat sich Hermites Behauptung bis zum heutigen Tag bewahrheitet (wobei allerdings, wie wir meinen, Kowalewskajas Arbeit aus heutiger Sicht eher einen — wenn auch krönenden — Abschluß als einen Ausgangspunkt markiert!). Jedenfalls darf man sicher sein, daß dieses zentrale Theorem aus dem Jahr 1874 Kowalewskaja einen bleibenden Platz in der Geschichte der Mathematik sichert.

*

Wie bereits erwähnt, waren die Mathematiker des 18. Jahrhunderts bei der Untersuchung der Lösungen von Differentialgleichungen noch weit davon entfernt, sich um Existenzprobleme zu kümmern, weshalb sie auch meist gar nicht erst versuchten, den Bereich, auf dem die Lösungen definiert waren, zu präzisieren. „Ihr ... Vertrauen ... begründeten sie damit, daß sie die Koeffizienten von Potenzreihen bestimmten, welche die vorgelegten Gleichungen formal erfüllten."[14]

Cauchy[15] näherte sich von 1820 an in seinen Vorlesungen[16] erstmals dem Problem in strenger Form: Für eine skalare Gleichung erster Ordnung

(1) $\qquad y' = f(x,y) \quad ; \quad f$ stetig differenzierbar

bewies er, daß zu gegebenen Werten x_0 und y_0 von x und y eine eindeutig bestimmte Lösung $y = u(x)$ existiert, die auf einem hinreichend kleinen Intervall mit Mittelpunkt x_0 definiert ist und $u(x_0) = y_0$ erfüllt. Dies ist die erste bekannte Untersuchung lokalen Charakters; Fortsetzungsprobleme interessierten Cauchy noch nicht.

Die Integration von Differentialgleichungen mittels Potenzreihen durch die Analytiker des 18. Jahrhunderts rechtfertigte Cauchy bereits 1831.[17] Dabei benutzte er den „Calcul des limites" (Majorantenmethode). Ihre Idee besteht darin, (1) mit einer anderen Gleichung zu vergleichen, nämlich mit

(2) $\qquad y' = F(x,y) \, ,$

wobei F eine Majorante von f in folgendem Sinn ist: Sind

$$f(x,y) = \sum_{m,n=0}^{\infty} c_{mn}(x-x_0)^m(y-y_0)^n$$
$$F(x,y) = \sum_{m,n=0}^{\infty} C_{mn}(x-x_0)^m(y-y_0)^n \qquad (f \text{ und } F \text{ nun analytisch!})$$

die Taylorentwicklungen von f bzw. F auf einer Umgebung von (x_0, y_0), so nimmt man an, es sei $C_{mn} \geq 0$ und $|c_{mn}| \leq C_{mn}$ für alle Indexpaare. Besitzt (2) eine Lösung, die sich auf einer Umgebung von x_0 in eine konvergente Potenzreihe

$$y - y_0 = \sum_{n=1}^{\infty} A_n(x-x_0)^n$$

entwickeln läßt, so ist notwendig $A_n \geq 0$, und genügt eine Reihe

$$y - y_0 = \sum_{n=1}^{\infty} a_n (x - x_0)^n$$

der Gleichung (1), so ergeben sich daraus durch Rekursion die a_n, und es ist $|a_n| \leq A_n$ für alle n.

Daraus folgt die Konvergenz der Reihe und die Tatsache, daß die Summe Lösung von (1) ist. Die eigentliche Aufgabe besteht also darin, die „Majorantenfunktion" F so zu bestimmen, daß (2) explizit integriert werden kann. Cauchy gelang dies mit Hilfe der Ungleichung

$$|c_{mn}| \leq M/R^{m+n}$$

(für eine geeignete reelle Zahl $R > 0$), die er für analytische Funktionen bewiesen hatte; die Funktion

$$F(x, y) = M(1 - \frac{x - x_0}{R})^{-1} (1 - \frac{y - y_0}{R})^{-1}$$

besitzt dann die gewünschten Eigenschaften.

Dieses Ergebnis läßt sich auf analytische Differentialgleichungssysteme verallgemeinern. 1842[18] zeigte Cauchy, daß sich seine Methode auch auf Systeme partieller Differentialgleichungen

$$\frac{\partial v_j}{\partial x_{p+1}} = H_j(x_1, \ldots, x_{p+1}, v_1, \ldots, v_r,$$

$$\frac{\partial v_1}{\partial x_1}, \ldots, \frac{\partial v_r}{\partial x_1}, \ldots, \frac{\partial v_1}{\partial x_p}, \ldots, \frac{\partial v_r}{\partial x_p}) \quad (1 \leq j \leq r)$$

anwenden läßt, deren rechte Seiten auf der Umgebung eines Punktes (ohne Einschränkung: des Nullpunktes) analytisch und bezüglich der Ableitungen $\partial v_j / \partial x_i$ linear sind. Er bewies, daß auf der Umgebung des Ursprungs eine analytische Lösung dieses quasilinearen Systems existiert.[19]

Im gleichen Zeitraum wie Cauchy arbeitete Weierstraß[20] eigentlich an Problemen der Theorie analytischer Funktionen und Abelscher Integrale. Mit seinen Untersuchungen von Differentialgleichungen wollte er zeigen, daß man eine Differentialgleichung zur Definition einer analytischen Funktion benutzen konnte.[21] Deshalb bewies er Existenz und Eindeutigkeit der Lösung in einer Weise, die es ihm erlaubte, diese Konstruktion zur analytischen Fortsetzung zu benutzen und studierte deshalb auch von vornherein komplexe Differentialgleichungen.

Weierstraß betrachtete ein System gewöhnlicher Differentialgleichungen

$$\frac{dx_j}{dt} = G_j(x_1, \ldots, x_n) \quad ; \quad j = 1, \ldots, n, \qquad G_j \text{ Polynom.}$$

Seine Beweismethode ist Cauchys Majorantenmethode sehr ähnlich. Weierstraß benutzte als Majorante die Funktion $(1 + x_1 + \ldots + x_n)^{\text{const.}}$ und zeigte, daß $x_1, \ldots, x_n$ analytische Funktionen von t sind. Ferner bewies er, daß für alle Anfangswerte die Lösung analytisch ist und, was Cauchy 1842 unterließ[22], daß die Lösung durch die Anfangswerte eindeutig bestimmt ist.

Eine Übertragung dieser Resultate auf Systeme partieller statt gewöhnlicher Differentialgleichungen sollte ihn jedoch, wie bereits gesagt, erst viele Jahre später interessieren.[23]

Eine wichtige Vorarbeit für die Genese des Cauchy-Kowalewskaja-Theorems leistete Carl Gustav Jacobi in einer (1865 posthum erschienenen) Arbeit, in der er zeigte, daß sich allgemeine algebraische Differentialgleichungen stets auf speziellere, von ihm „kanonisch" genannte Formen reduzieren lassen — das später von Kowalewskaja verwandte und durch ihr Theorem „populär" gewordene Konzept der „Normalform" partieller Differentialgleichungen (siehe unten) fußt direkt auf Jacobis Resultaten.[24]

Weierstraß hatte nun gehofft[25], allgemein zeigen zu können, daß eine Potenzreihe, die man aus einer partiellen Differentialgleichung, in der nur analytische Funktionen auftreten, formal erhält, stets notwendig konvergiert, und dies „unabhängig" von der Wahl der (natürlich analytischen!) Anfangsbedingungen.

Kowalewskaja sollte daraufhin Weierstraß' Vermutung in ihrer Dissertation verifizieren. Doch tatsächlich fand sie heraus, daß letzteres im allgemeinen falsch ist, ja, daß es für die Analytizität der Lösung sogar sehr wohl darauf ankommt, auf welche Art die Anfangsbedingungen gestellt sind:

Ihr Gegenbeispiel[26] bestand in der eindimensionalen Wärmeleitungsgleichung

$$\frac{\partial \varphi}{\partial t} = \frac{\partial^2 \varphi}{\partial x^2}$$

mit der zur Zeit $t = 0$ vorgegebenen Anfangs-Temperaturverteilung

$$\varphi(x, 0) = \frac{1}{1 - x}.$$

Falls eine analytische Lösung dieses Anfangswert-Problems existiert, muß diese durch eine Potenzreihe in t, und zwar

$$\sum_{n=0}^{\infty} \frac{(2n)!}{n!} \frac{t^n}{(1-x)^{2n+1}}$$

gegeben sein. Doch diese Reihe divergiert für alle $t \neq 0$, und folglich hat das Problem keine analytische Lösung.

Schreibt man jedoch andererseits die Temperatur und ihren Gradienten in einem Punkt x_0 als analytische Funktion der Zeit vor, vertauscht man also im obigen Cauchy-Problem die Rollen von Ort und Zeit, so hat dieses dann stets eine (lokal eindeutig bestimmte) analytische Lösung!

Aus Kowalewskajas näherem Studium solcher und ähnlicher Beispiele resultierte zunächst das Klarheit schaffende Konzept der „Normalform" eines Systems partieller Differentialgleichungen und seines Cauchy-Problems und damit schließlich das für die Existenz und Eindeutigkeit analytischer Lösungen solcher Systeme allgemeine und hinreichende Kriterien angebende, später nach ihr und Cauchy benannte Theorem.

Konzept und Theorem lassen sich in moderner Notation und Formulierung[27-30] wie folgt darstellen:

Ein System von N partiellen Differentialgleichungen mit N unbekannten Funktionen $u_1, \ldots, u_N$ in den Variablen $t, x_1, x_2, \ldots, x_n$

$$\frac{\partial^{n_i} u_i}{\partial t^{n_i}} = F_i\left(t, x_1, \ldots, x_n, u_1, \ldots, u_N, \ldots, \frac{\partial^k u_j}{\partial t^{k_0} \partial x_1^{k_1} \ldots \partial x_n^{k_n}}, \ldots\right),$$
$$i, j = 1, 2, \ldots, N,$$

ist bezüglich der unabhängigen Veränderlichen t in Normalform gegeben, wenn die rechten Seiten F_i keine Ableitungen von höherer Ordnung als n_i und keine Ableitungen nach t von höherer Ordnung als $n_i - 1$ von den Funktionen u_j enthalten:

$$k = k_0 + k_1 + \ldots + k_n \leq n_i,$$
$$k_0 < n_i.$$

Das Cauchy-Problem für ein solches System besteht darin, eine Lösung $u_1, \ldots, u_N$ zu bestimmen, die für $t = t^0$ den Anfangsbedingungen

$$\left(\frac{\partial^{\ell_i} u_i}{\partial t^{\ell_i}}\right)_{t=t^0} = \Phi_{i\ell_i}(x_1, \ldots, x_n), \quad \left\{ \begin{array}{l} i = 1, \ldots, N, \\ \ell_i = 0, 1, \ldots, n - 1, \end{array}\right.$$

genügt.

Über die Lösbarkeit dieses Anfangswert-Problems besagt dann das *Cauchy-Kowalewskaja-Theorem:*

Sind alle Funktionen $\Phi_{i\ell_i}$ analytisch in einer gewissen gemeinsamen Umgebung des Punktes $x^0 = (x_1^0, \ldots, x_n^0)$ und alle Funktionen F_i analytisch in einer ebensolchen Umgebung des Punktes

$$\left(t^0, x^0, u_1(t^0, x^0), \ldots, u_N(t^0, x^0), \ldots, \frac{\partial^k u_j}{\partial t^{k_0} \partial x_1^{k_1} \ldots \partial x_n^{k_n}}(t^0, x^0), \ldots \right),$$

so hat das Cauchy-Problem in einer geeigneten Umgebung des Punktes (t^0, x^0) eine eindeutig bestimmte analytische Lösung.

Das Theorem lieferte also nicht nur systematische Bedingungen, wann man formal integrieren darf, sondern öffnete auch der Funktionentheorie einen Zugang zur Theorie der Differentialgleichungen, indem es zeigte, wann eine Differentialgleichung analytische Lösungen besitzt. Darüber hinaus zeigte es, daß man eine Differentialgleichung, zusammen mit bestimmten Anfangsbedingungen, zur Definition einer analytischen Funktion benutzen kann.[31]

Man glaubte lange Zeit, das Cauchy-Kowalewskaja-Theorem auf den Fall unendlich oft differenzierbarer Funktionen verallgemeinern zu können. Erst 1956 konnte Lewy ein Gegenbeispiel erbringen.[32]

$$* * *$$

Im Zusammenhang mit dem Cauchy-Kowalewskaja-Theorem wollen wir noch kurz auf eine weitere ihrer Arbeiten eingehen, die aber erst 1891 unter dem Titel *Sur un théorème de M. Bruns*[33] von Mittag-Leffler posthum in den Acta Mathematica veröffentlicht wurde. Wir behandeln sie an dieser Stelle, weil es sehr wahrscheinlich ist, daß diese Arbeit schon während Kowalewskajas Promotionsphase entstand und als Anwendung des Cauchy-Kowalewskaja-Theorems gedacht war, die Verfasserin ihr jedoch aus Zeitgründen damals nicht mehr „den letzten Schliff geben" konnte und sie deshalb für spätere Zwecke zurückbehielt. Dies geht aus Weierstraß' Begleitschreiben der Dissertation an Fuchs hervor.[34] (Übrigens sind alle in der Arbeit zitierten Referenzen aus der Zeit vor 1874.)

Kowalewskajas Arbeit betrifft ein aus der Potentialtheorie stammendes Theorem von Heinrich Bruns (1848–1919).[35] Bruns war ebenfalls Schüler von Weierstraß und ist der Nachwelt am ehesten durch ein anderes Resultat, eine Arbeit über das Dreikörperproblem der Himmelsmechanik[36] (er bewies, daß die Differentialgleichungen des allgemeinen Dreikörperproblems nur zehn algebraische erste Integrale besitzen), in Erinnerung geblieben.

Kowalewskaja zeigte kurz und bündig, daß sich der Beweis des Brunsschen Theorems (genauer gesagt: der Beweis eines von Bruns in seiner Arbeit formulierten und auch bewiesenen Hilfssatzes) mit Hilfe des Cauchy-Kowalewskaja-Theorems vereinfachen läßt.

Diese Arbeit hat nicht den Stellenwert der drei Dissertationsschriften (als solche war sie auch nicht gedacht), und deshalb sollte der Inhalt dieser Arbeit nur kurz erläutert werden.

*

Bruns' Theorem besagt in moderner Formulierung, daß das Potential eines homogenen, festen Körpers, dessen Oberfläche sich als Nullstellenmenge einer analytischen Funktion darstellen läßt, nicht nur im Innern, sondern in jedem regulären Punkt der Oberfläche analytisch ist.

Für den Beweis dieses Satzes benutzte Bruns folgendes Lemma: „Es gibt eine in jedem regulären Punkt der Oberfläche des Körpers analytische Funktion $U = U(x, y, z)$, die die Poissongleichung

$$\Delta U = \frac{\partial^2 U}{\partial x^2} + \frac{\partial^2 U}{\partial y^2} + \frac{\partial^2 U}{\partial z^2} = -4k\pi$$

löst und auf der Oberfläche die Randbedingung

$$0 = U = \frac{\partial U}{\partial x} = \frac{\partial U}{\partial y} = \frac{\partial U}{\partial z}$$

erfüllt."

Kowalewskaja transformierte zum Beweis des Lemmas die kartesischen Koordinaten (x, y, z) auf Koordinaten (u, v, s), in denen die Oberfläche durch $s = 0$ gegeben war. Das Cauchy-Kowalewskaja-Theorem stellte dann die Existenz eines solchen U sicher.

* * *

Kowalewskajas zweite Dissertationsschrift[37] publizierte sie erst 1884, zehn Jahre nach ihrer Fertigstellung, unter dem Titel *Über die Reduction einer bestimmten Klasse Abel'scher Integrale 3ten Ranges auf elliptische Integrale* in den 1882 von Mittag-Leffler gegründeten und zeitweise von ihr mitredigierten „Acta Mathematica".

Um auf Abelsche Integrale, so benannt nach Niels Henrik Abel (1802–1829), zu stoßen, muß man schon ein gutes Stück in die Mathematik „hineinspazieren". Leichter zugänglich ist ein Spezialfall der Abelschen Integrale, die sogenannten „elliptische"Integrale.

Elliptische (und damit Abelsche!) Integrale und die mit ihnen eng verknüpften „elliptischen Funktionen" traten (und treten) in der Reinen und Angewandten Mathematik auf, zunächst — und daher ihr Name — im 18. Jahrhundert bei geometrischen Problemen wie etwa der Bestimmung des Umfangs von Ellipsen und anderen geometrischen Figuren, später dann in der Zahlentheorie und Differentialgeometrie (Minimalflächen) sowie in der Mechanik, Geodäsie, Thermo- und Elektrodynamik.

Eine zentrale Rolle spielten die Abelschen Integrale vor allem bei der Weiterentwicklung der Algebraischen Geometrie und der Funktionentheorie, Weierstraß' Spezialgebiet.

So kam es, daß Weierstraß sich mit ihrer Theorie — über Jahrzehnte hinweg! — intensiv befaßte. Seine Publikationen zu Abelschen Integralen nehmen ca. ein Achtel seines Gesamtwerkes ein (was für einen derart universell tätigen Mathematiker viel heißt!).

Was sind nun Abelsche Integrale? Zur Beantwortung dieser Frage müssen wir ein wenig ausholen.

Aus der Schulzeit kennt man das Integral von Funktionen einer Veränderlichen. Betrachten wir aber eine Funktion $F = F(x, y)$ zweier unabhängiger Veränderlicher x und y, so läßt sich diese nicht in gewohnter Weise integrieren. Doch dies kann unter Umständen dennoch gelingen, und zwar dann, wenn x und y gar nicht „so" unabhängig sind, wenn also zwischen x und y eine zusätzliche Relation besteht. Ein Beispiel möge dies verdeutlichen: Es sei y eine Funktion von $x : y = f(x)$. Dann ist offenbar $F(x, y) = F(x, f(x))$ eine Funktion von x allein, und darauf läßt sich der „gymnasiale Integralbegriff" anwenden.

Dieses Beispiel hat allerdings einen Schönheitsfehler. Denn da es letztlich auf die Integration einer Funktion nur einer Variablen zurückführt, könnte man sich doch den ganzen Aufwand mit Funktionen zweier Veränderlicher usw. sparen!

Interessant (und komplizierter) wird es erst, wenn man allgemeinere Relationen zwischen x und y zuläßt, wenn also y keine eindeutige Funktion von x mehr ist, sondern es zu einem x-Wert eventuell mehrere y-Werte gibt. Sind zum Beispiel x und y durch die Relation $y^2 - x = 0$ miteinander verknüpft, so gibt es — von $x = 0$ abgesehen — zu jedem x-Wert zwei verschiedene y-Werte; beispielsweise zu $x = 9$ die y-Werte $y = 3$ und $y = -3$. (Dabei haben wir x als unabhängige Variable aufgefaßt.) Eine Funktion $F(x, y)$, bei der x und y durch diese Relation verknüpft sind, läßt sich nicht mehr ohne weiteres integrieren, da sie keine Funktion einer einzigen Veränderlichen allein ist. Doch kann man versuchen, sie „längs verschiedener Wege" zu integrieren, indem man fordert, daß y einmal nur positive und einmal nur negative Werte annehmen darf.

Solche Funktionen auf die „gewohnte" Art und Weise zu integrieren, ist also einerseits schwieriger als bei Funktionen einer einzigen Veränderlichen, andererseits aber nicht ganz unmöglich wie bei Funktionen zweier — gänzlich unabhängiger — Variablen.

Somit stellte sich den Mathematikern des 19. Jahrhunderts die Frage, wie man Funktionen zweier Veränderlicher, die untereinander durch eine Relation verknüpft sind, sinnvoll einen Integralbegriff zuordnen kann. Die befriedigende Beantwortung dieser Frage für einen Spezialfall nahm bereits ein halbes Jahrhundert in Anspruch, da sie schon in diesem Fall die Entwicklung gänzlich neuer mathematischer Begriffe und Objekte erforderte und viele neue Fragen aufwarf. Dieser Spezialfall heißt „Abelsche Integrale".

Bei Abelschen Integralen ist der Integrand, das heißt die zu „integrierende" Funktion, eine rationale Funktion in zwei Veränderlichen, also ein Quotient von zwei Polynomen in zwei Veränderlichen (etwa $F(x,y) = (x^3y^2 + xy - y)/(x^2 + y^2)$, wobei x und y durch eine algebraische Gleichung (etwa $y^2 - x = 0$) miteinander verknüpft sind. Bei elliptischen Integralen fordert man zusätzlich, daß diese Gleichung in der Form $y^2 - P(x) = 0$ besteht, wobei P ein Polynom maximal vierten Grades in x ist.

Die Mathematiker interessierte dabei unter anderem, ob und wie sich Abelsche Integrale auf elementare, das heißt gewöhnliche und/oder elliptische Integrale „reduzieren" ließen, also durch solche einfachere und leichter zu handhabende Integrale ausgedrückt werden konnten.

Abelsche Integrale lassen sich auf verschiedene Arten, so beispielsweise nach ihrem „Rang", klassifizieren.

Leo Königsberger, Kowalewskajas Heidelberger Lehrer, hatte sich auch mit Abelschen Integralen befaßt und 1867[38] untersucht, welche Abelschen Integrale zweiten Ranges sich durch spezielle Transformationen (die von Charles Hermite in seiner „arithmetischen" Theorie der Transformation von Thetafunktionen[39] eingeführten Periodentransformationen zweiten Grades) sich auf elliptische Integrale reduzieren ließen.

Kowalewskajas Aufgabe bestand nun „einfach" darin, Königsbergers Ergebnisse auf Abelsche Integrale dritten Ranges zu übertragen.

„Einfach" war die Aufgabe insofern, als zu ihrer Lösung weniger Einfallsreichtum notwendig war als beispielsweise zur Entdeckung des Cauchy-Kowalewskaja-Theorems, denn nun lagen bereits analoge Resultate vor, und Ziel und Methodik waren von Weierstraß genau vorgegeben. Doch andererseits verlangte dieses Thema auch alles, was eine

„solide" Dissertation erfordert: große Kompetenz in einem Teilgebiet der Mathematik, hier dem der Abelschen Integrale. Denn die Lösung des Problems setzte ein sehr gutes und vollständiges Verständnis dieser Theorie und der 1872 bis 1874 von Weierstraß gehaltenen Vorlesungen über elliptische und Abelsche Funktionen und Integrale voraus (worauf Weierstraß in seinem Kowalewskajas drei Dissertationsschriften begleitenden Schreiben an Fuchs[40] auch ausdrücklich hinwies).

Kowalewskaja löste ihre Aufgabe bis in alle Details. Gemessen am Cauchy-Kowalewskaja-Theorem ist die Arbeit (wie sich schon aus ihrer Anlage ergibt) jedoch eher als marginales Resultat zu bewerten. Sie erregte wenig Aufsehen in der damaligen Zeit, da es für die mathematische Forschung Fragen größerer Bedeutung gab. Dies zeigte sich auch darin, daß Kowalewskaja ganze zehn Jahre bis zur Publikation verstreichen lassen konnte, ohne daß ein anderer Mathematiker in der Zwischenzeit sich solchen Fragestellungen gewidmet hätte.

*

Da allein die Darlegung und Erklärung der von Kowalewskaja verwendeten Notation einige Seiten füllen würde, beschränken wir uns auf eine kurze Paraphrasierung der Arbeit:

Zu Beginn[41] erklärt Kowalewskaja, weshalb sie sich in ihren Untersuchungen auf Abelsche Integrale erster Art beschränken kann: Weierstraß hatte (als Korollar zu einem Satz von Abel[42]) bewiesen, daß zu jedem Abelschen Integral, welches sich auf ein elliptisches reduzieren läßt und dessen Variablen x, y die Gleichung $F(x, y) = 0$ erfüllen, ein Abelsches Integral erster Art existiert, welches ebenfalls $F(x, y) = 0$ erfüllt und sich auf ein elliptisches Integral reduzieren läßt.

Damit reduzierte sich das Entartungsproblem auf die Frage, ob zu $F(x, y) = 0$ assoziierte, auf elliptische Integrale reduzierbare Abelsche Integrale erster Art existieren.

Weierstraß hatte diese Frage (ohne Einschränkung bezüglich des Ranges!) in ähnlicher Form bereits betrachtet und dabei ein notwendiges Kriterium für Entartung erhalten. Es lautet vereinfacht: „Wenn sich eine Linearkombination unabhängiger Abelscher Integrale erster Art auf ein elliptisches Integral reduzieren läßt, dann muß es unter den zu den Integralen assoziierten Thetafunktionen eine Funktion geben, die in ein Produkt zweier Thetafunktionen faktorisiert."

Kowalewskajas wesentliches Resultat bestand nun darin, dieses „transzendente" notwendige Kriterium für den Fall Abelscher Integrale 3. Ranges und Periodentransformationen 2. Grades in ein weitaus handlicheres notwendiges und hinreichendes Entartungskriterium algebraisch-geometrischer Natur umgewandelt zu haben. Zentral für die

Herleitung dieses Kriteriums ist eine Formel, die die Thetafunktionen mit rationalen Funktionen von x und y verknüpft. Denn damit implizieren Gleichungen für die Thetafunktionen automatisch Gleichungen für x und y, und die „transzendenten" Gleichungen werden zu algebraischen.

Der Rest der Arbeit besteht aus der Untersuchung gewisser Spezialfälle. Abschließend zitieren wir Kowalewskajas Hauptergebnis.[43] Bis auf einen speziellen Ausnahmefall gilt:

„Ist y eine algebraische Funktion 3. Ranges von x, so läßt sich die zwischen x und y bestehende Gleichung auf unendlich viele Arten in eine homogene Gleichung 4. Grades $F = 0$ zwischen drei Größen x_1, x_2, x_3, welche rationale Funktionen von x, y sind, transformieren und zwar kann dieses auch stets so geschehen, dass die Coefficienten dieser Gleichung so wie auch die der Ausdrücke X rational aus den Constanten der gegebenen Gleichung zusammengesetzt sind. Die Gleichung $F = 0$ ist dann ... irreductibel und stellt eine Curve 4. Grades ohne Doppelpunkte dar."

Das geometrische Kriterium, welches sie im Anschluß an ihr Theorem[44] in ein algebraisches Kriterium umformulierte, lautet nun:

„... Unter den Doppeltangenten dieser Gleichung ($F = 0$) muss es dann vier zusammengehörige — d.h. solche deren 8 Berührungspunkte in einem Kegelschnitt liegen — geben, welche in einem Punkte sich schneiden, wenn unter den von y abhängenden ABEL'schen Integralen sich eines finden soll, welches sich durch eine Transformation der hier betrachteten Art ($k = 2$) in ein elliptisches verwandeln läßt.

Dieser Satz gilt aber auch umgekehrt. ..."

* * *

Das Thema ihrer dritten Dissertationsschrift[45] scheint Kowalewskaja sich selbst gestellt zu haben, denn Weierstraß hat sich — soweit bekannt — diesem Gebiet weder in seinen Vorlesungen noch mit seinen Publikationen jemals gewidmet.

Ausgangspunkt für Kowalewskaja waren einige in dem fundamentalen Werk „Mécanique céleste"[46] (Himmelsmechanik) enthaltene, die Gestalt der Saturnringe betreffende Ergebnisse des französischen Mathematikers und Astronomen Pierre Simon Laplace (1749–1827). Laplace galt (und gilt) als der letzte führende Mathematiker des 18. Jahrhunderts. Er war neben der „Mécanique céleste" durch ein zweites klassisches Werk, die „Théorie analytique des probalitités"[47] (Analytische Theorie der Wahrscheinlichkeiten) sowie die im „Système du monde"[48] (Weltensystem) formulierte „Nebularhypothese" über die Entstehung des Planetensystems zu Berühmtheit weit über die Mathematik hinaus gelangt. Bekannt ist Laplace aber auch durch die von ihm überlieferte, in gewisser Weise den damaligen technokratischen Zeitgeist auf den Punkt bringende Anekdote, nach der er, von Napoleon scherzhaft befragt, weshalb in sämtlichen fünf Bänden seiner „Himmelsmechanik" denn nirgends das Wort „Gott" erwähnt werde, geantwortet haben soll: „Sire, diese Hypothese benötige ich nicht. "

In der „Mécanique céleste" hatte Laplace auch die (den damaligen Astronomen noch nicht genau bekannte) Gestalt der Saturnringe (beispielsweise die Form eines Querschnitts durch den Ring: kreisförmig, elliptisch, unregelmäßig...) theoretisch zu bestimmen versucht.[49]

Dabei war er von gewissen mathematischen und physikalischen Annahmen über die Struktur und Form der Ringe ausgegangen und hatte zur Erzielung konkreter Resultate im Laufe der Untersuchung von mehreren mathematischen Approximationen Gebrauch machen müssen.[50]

Kowalewskaja entdeckte jedoch, daß die Güte dieser Approximationen Anlaß zur Kritik gab. Daraufhin entwickelte sie in ihrer Arbeit eine Methode, wie sich unter den gleichen Annahmen, die Laplace gemacht hatte, prinzipiell Ergebnisse mit jeder gewünschten Exaktheit erreichen lassen. „Prinzipiell" heißt hier: Mit genügend Rechenaufwand läßt sich jede geforderte Genauigkeit erreichen. Allerdings kann der Aufwand dabei unverhältnismäßig groß werden!

Diese Rechnungen führte Kowalewskaja anschließend für einen Fall, der exaktere Ergebnisse als die von Laplace erzielten zuließ, explizit durch: Während Laplace von einer elliptischen Form des Querschnitts ausgegangen war und nur das Verhältnis von Höhe und Breite der Ellipsenachsen bestimmt hatte, konnte Kowalewskaja unter der allgemeineren Voraussetzung, daß diese Form näherungsweise elliptisch sei, zusätzliche Aussagen über den (in dieser Näherung) dann eiförmigen Querschnitt machen.[51]

Wie bereits eingangs erwähnt, hat Weierstraß Kowalewskaja bei der Wahl dieser Themenstellung wahrscheinlich nicht beeinflußt. Es stellt sich also die Frage, weshalb sie sich diesem eher entlegenen astrophysikalischen Problem zuwandte. Ob es sich um eine vom Großvater Schubert, der sich ja auch als Astronom betätigte, überkommene Neigung handelte, sei dahingestellt. Es ist eher unwahrscheinlich, denn sie hat später weder dieses noch ein verwandtes Thema jemals wieder aufgegriffen.

Noch erstaunlicher ist in diesem Zusammenhang die Tatsache, daß Kowalewskaja wahrscheinlich bereits vor dem Beginn an ihrer Arbeit wußte, daß diese in der gedachten Konzeption wenn überhaupt, dann nur sehr geringe physikalische Relevanz besitzen würde. Denn James Clerk Maxwell (1831–1879), einer der bedeutendsten theoretischen Physiker des 19. Jahrhunderts, hatte schon 1859, also 15 Jahre vor Sonjas Arbeit, in einer Aufsehen erregenden Studie über die Stabilität der Saturnringe[52] gezeigt, daß ein Ring, der Laplaces physikalischen Annahmen genügte, sich nicht auf einer stabilen Umlaufbahn um den Saturn befinden konnte, sondern bei der kleinsten Störung vom Planeten angezogen und zusammenstürzen würde.

Nach Bekanntwerden dieser Studie dachte niemand mehr daran, Laplaces Untersuchungen unter dessen physikalisch offenbar wenig ergiebigen Annahmen fortzusetzen — bis auf Kowalewskaja. Im Gegenteil, und sie zitierte in der Mitte ihrer eigenen Arbeit[53] sogar Maxwells Negativresultat als Rechtfertigung dafür, nicht alle der mühseligen und komplizierten Rechnungen bis ins letzte Detail durchführen zu müssen! Kowalewskaja gab also von vornherein nichts oder nur wenig auf den physikalischen Gehalt ihrer Ausführungen — und daraus läßt sich wiederum nur schließen, daß es ihr trotz des eigentlich so anwendungsorientierten Themas offenbar nur um den mathematischen Gehalt ihrer Arbeit ging.

Zur Erlangung eines Doktorgrades in der Mathematik geht es schließlich in erster Linie darum, mathematisches Können zu demonstrieren — und das leistete ihre Arbeit, wie wir sehen werden, ohne Zweifel. Für einen solchen Zweck konnte sie es sich also leisten, das Laplace-Thema mit seinen physikalischen Irrtümern zu wählen, ohne sich mathematisch unglaubwürdig zu machen.

Die „hochinteressante Untersuchung" (so Kowalewskajas Freund Hugo Gyldén, der maßgeblich an der Publizierung beteiligt war, in seinem Vorwort zur Drucklegung der Arbeit) erschien 1885 unter dem Titel *Bemerkungen und Zusätze zu Laplace's Untersuchung über die Gestalt der Saturnringe* in der Kieler (nichtsdestoweniger überregionalen) Fachzeitschrift „Astronomische Nachrichten".[54]

Die Grundidee zur Bestimmung der Gestalt der Saturnringe besteht darin, daß man diese näherungsweise rotationssymmetrisch annimmt; der Ring entsteht, indem man einen festen Querschnitt um eine durch den Mittelpunkt des Planeten gehende Achse rotieren läßt. Wenn alle Querschnitte annähernd die gleiche Gestalt haben, ist dies eine plausible Annahme. Man braucht also „nur noch" die Gestalt eines festen Querschnitts zu bestimmen. Dazu reicht es aber aus, die Form der Oberfläche, also die Begrenzungslinie des Querschnitts zu kennen. Wenn der Querschnitt seine Gestalt im Laufe der Zeit nicht (oder nur unwesentlich) ändert, müssen hierzu alle Punkte auf der Oberfläche

des Querschnitts „im Gleichgewicht" sein, d.h. alle an ihm angreifenden Kräfte müssen sich genau ausgleichen.

An einem Punkt der Oberfläche greifen nun (wenn man von inner-
molekularen Wechselwirkungen u.ä. absieht) zwei Kräfte an: die Gravitationskraft des Planeten, die den Punkt an sich ziehen will, und die
Gravitationskraft des Ringes selbst. Kennt man diese beiden Kräfte, so
läßt sich aufgrund der Gleichgewichtsbedingungen die Form des Querschnitts bestimmen.

Da die Gravitationskraft des Saturn leicht zu berechnen ist, besteht die eigentliche Aufgabe in der Bestimmung des „Potentials" des
Ringes, das heißt der Funktion, aus der die Gravitationskraft, die
der Ring selbst ausübt, ableitbar ist. Um das Potential zu berechnen,
muß man jedoch Annahmen über die Struktur des Rings machen, also
darüber, wie die Masse des Ringes auf den Ring verteilt ist. Laplace und
Kowalewskaja (und genau diese Annahme erwies Maxwell als unphy-
sikalisch!) gingen dazu von einer nahezu homogenen (gleichmäßigen)
Massenverteilung aus.

Diese Hypothese lieferte bereits Informationen über das Potential,
und Kowalewskaja fand einen Weg, das Potential theoretisch beliebig
genau zu bestimmen.

Doch zur Erzielung konkreter, explizit berechenbarer Resultate
benötigte man noch zusätzliche Annahmen über die Form des Querschnitts selbst.

Während Laplace dazu einfach ad hoc postuliert hatte, daß der
Ringquerschnitt elliptisch sei, und daraus die genaue Form der Ellipse,
die Exzentrizität, bestimmt hatte, nahm Kowalewskaja — allgemeiner
als ihr Vorgänger — eine nur näherungsweise elliptische, eine eiförmige
Form an.[55] Sie konnte in dieser (besseren) Näherung zusätzliche Kriterien für die genaue Form und räumliche Position des Ovals angeben.

Wohlgemerkt: Weder Laplace noch Kowalewskaja haben (wie leider viele behaupten!) jemals „bewiesen", daß die Saturnringe tatsächlich einen elliptischen oder eiförmigen Querschnitt haben; sie haben
nur gezeigt, daß unter solchen Voraussetzungen (!) die Ringquerschnit-
te noch näher bestimmbar sind, und zwar explizit. Dabei ist allerdings
Kowalewskajas Resultat aufgrund der allgemeineren Voraussetzungen
und exakteren Lösung der Vorzug zu geben.

Das Hauptresultat ihrer Arbeit besteht jedoch in der originären
Methode zur Bestimmung des Potentials selbst; was die Physik anbelangt, so ging Kowalewskaja zwar auf Laplace zurück; doch die mathematische Behandlung des Problems gelang ihr — qualitativ und
quantitativ — weitaus besser als diesem.

In diesem Zusammenhang sei noch erwähnt: Hätte Kowalewskaja einen speziellen Teil ihrer Lösungsmethode, einen Algorithmus[56] (dessen korrektes Funktionieren im Fall der vorliegenden Arbeit sie auch eher heuristisch als exakt begründete), näher untersucht und allgemeine Voraussetzungen für dessen Anwendbarkeit formulieren können, so wäre ihr damit zweifellos ein ebenso großer Wurf wie das Cauchy-Kowalewskaja-Theorem gelungen, denn auf diesem Gebiet gab es damals noch keine allgemeinen Theoreme. Erst 1930[57] wurden einige ihrer diesen Algorithmus betreffenden Ideen mathematisch präzisiert und verifiziert.

∗

Kowalewskaja ging vom Energieerhaltungssatz

$$V(\rho_1, z_1) + \frac{M}{\sqrt{\rho_1^2 + z_1^2}} + \frac{1}{2} n^2 \rho_1^2 - C = 0$$

aus.

Dabei bedeuten (ρ_1, z_1) die Zylinderkoordinaten eines Ringpunktes: $\rho_1 =$ Abstand des Punktes von der Rotationsachse, $z_1 =$ Abstand von der Äquatorialebene; M die Masse des (als Massenpunkt aufgefaßten) Saturn; n die Rotationsgeschwindigkeit des Ringes; V das Gravitationspotential des Ringes; C eine Konstante.

Die den Querschnitt erzeugende Kurve schrieb sie in Parameterdarstellung als

$$\rho = \sqrt{x^2 + y^2} = 1 - a \cdot \cos t$$
$$z = a \cdot \Phi(t) \qquad t \in [0, 2\pi],$$

wobei der Abstand Saturn-Mittelpunkt des horizontalen Durchmessers der erzeugenden Kurve gleich Eins gesetzt wird und $2a$ die Länge dieses Durchmessers bezeichnet. Φ ist als 2π-periodisch und ungerade vorausgesetzt. Deshalb nahm Kowalewskaja eine Fourierentwicklung für Φ an:

$$\Phi(t) = \beta_0 \sin t + \beta_1 \sin 2t + \beta_2 \sin 3t + \ldots$$

Nun ging es darum, das Gravitationspotential V in einem Punkt

$$(\rho_1, \Theta_1, z_1) = (1 - a \cos t_1, \Theta_1, a \cdot \Phi(t_1))$$

des Ringes zu berechnen. V sollte nicht von Θ_1 abhängen und wegen der vorausgesetzten Symmetrie des Rings gerade Funktion von t_1 sein.

Damit konnte Kowalewskaja für V eine Fourierentwicklung in t_1 der folgenden Gestalt annehmen:

$$V = V_0 + V_1 \cos t_1 + V_2 \cos 2t_1 + \dots$$

Somit läuft die Berechnung von V auf die Bestimmung der V_j als Funktion der β_i hinaus.

Nach Gauss' Divergenztheorem ist nun das Gravitationspotential eines Festkörpers im Punkt P_1 gegeben durch

$$V = -\frac{1}{2} \int \int \cos \Theta \, d\sigma,$$

wobei man über den Rand des Festkörpers zu integrieren hat und Θ den Winkel zwischen einer Strecke von P_1 zu einem festen Punkt P der Oberfläche und der Flächennormalen in P bezeichnet. Mit der Parametrisierung

$$x = (1 - a \cdot \cos t) \cos \Psi,$$
$$y = (1 - a \cdot \cos t) \sin \Psi, \quad t, \Psi \in [0, 2\pi]$$
$$z = a \cdot \Phi(t)$$

und dem Variablenwechsel $\zeta = \frac{1}{2}(\Psi - \Psi_1)$ folgt

$$V = \int_0^{2\pi} W \, dt \quad \text{mit} \quad W = \int_0^{\frac{\pi}{2}} \frac{C - Aa\Phi'(t) \sin^2 \zeta}{\sqrt{B + A \sin^2 \zeta}} d\zeta,$$

wobei A, B, C Funktionen in t, t_1 (und Φ, Φ') bedeuten. Das W definierende Integral läßt sich auf elliptische Integrale reduzieren. Dann schreibt man W als Fourierreihe in t und t_1 und erhält daraus durch Integration V als Fourierreihe in t_1.

Schreibt man die anderen Größen im Energiesatz nun auch als Fourierreihe, so bleibt ein Gleichungssystem für n, C und die β zu lösen. Wegen der im allgemeinen unendlichen Menge an Unbekannten ist dies problematisch. Kowalewskaja gab — allerdings nur heuristisch — einen Lösungsalgorithmus [58] für dieses Gleichungssystem an: Man fixiert zunächst eine natürlich Zahl $\mu \in \mathbb{N}$, nimmt an, daß für $j > \mu$ $\beta_j = 0$ gilt und löst die ersten $\mu + 3$-Gleichungen im System für n, C, β, β_1, ..., β_μ, was n_μ, C_μ usw. ergibt; dann zeigt man, daß für $\mu \to \infty$ diese Lösungen alle gegen jeweilige Grenzwerte konvergieren und diese ihrerseits nun das gesamte Gleichungssystem lösen.

Danach berechnete sie das Potential und daraus ableitbare Größen in zweiter Ordnung. (Für $\beta_j = 0, j > 0$, stellt die den Querschnitt erzeugende Kurve gerade die Laplacesche Ellipse dar; für $\beta_j = 0, j > 1$, ist sie ein Oval!).

Auf den Algorithmus, der zweifellos zu den mathematisch interessantesten Aspekten der Arbeit gehört, können wir hier nicht weiter eingehen; ebensowenig können wir ein von Kowalewskaja in derselben Arbeit erzieltes Kriterium für die Orientierung des Ovals[59] des Querschnitts (zum Saturn hin oder weg von ihm) näher behandeln. Der Leser, der mehr zu diesem Thema wissen möchte, sei auf Kowalewskajas Arbeit und die von Hammerstein[60] verwiesen, in der die den Algorithmus betreffenden Fragen aufgegriffen und zu einer systematischen Theorie entwickelt werden.

∗ ∗ ∗

Im Herbst 1874 honorierte die Universität Göttingen, wie schon erwähnt, Kowalewskajas erhebliche Anstrengungen (drei sehr zeitaufwendige Arbeiten in ca. anderthalb Jahren!) mit der höchsten Auszeichnung: Ihre Dissertation erhielt das Prädikat „summa cum laude".

Damit hatte sie ihr Ziel erreicht: Sie war nun ein voll anerkanntes Mitglied der „mathematischen Gemeinde", der „Gelehrtenrepublik" — und das als erste Frau überhaupt!

Emigrationen: Rußland – Berlin – Paris (1874–1883)

Im allerersten Abschnitt ihrer schon erwähnten Erzählung *Die Nihilistin* legt Kowalewskaja der Ich-Erzählerin mit nur ganz geringen Varianten ihre eigene Situation im Herbst 1874 in den Mund. Es sei deshalb eine längere Passage vorab zitiert!

„Ich war zweiundzwanzig Jahre (sic!) alt, als ich mich in Petersburg niederließ. Drei Monate vorher hatte ich eine der ausländischen Universitäten absolvirt und war mit dem Doctordiplom in der Tasche nach Rußland zurückgekehrt. Nach einem fünfjährigen, zurückgezogenen, beinahe völlig einsiedlerischen Leben in einem kleinen Universitätsstädtchen (sic!) erfaßte mich auf einmal das Petersburger Leben wie ein Rausch. Für eine Zeitlang vergaß ich die Begriffe von analytischen Functionen, Raum, vier Dimensionen, die noch vor Kurzem meine ganze innere Welt erfüllten, und gab mich mit der ganzen Seele den neuen Interessen hin; ich machte links und rechts Bekanntschaften, bemühte mich in die verschiedensten Kreise einzudringen und verfolgte mit brennender Neugier die Erscheinungen dieses verwickelten, im Grunde so leeren, aber auf den ersten Blick so verlockend aussehenden Chaos, das man Leben heißt. Alles interessirte und freute mich jetzt. Es zerstreuten mich die Theater und Wohlthätigkeits-Soiréen und die literarischen Kreise mit ihren endlosen, zu nichts führenden Disputen über alle möglichen abstracten Themata. Die gewöhnlichen Besucher dieser Kreise waren der Dispute schon überdrüssig, für mich hatten sie noch den ganzen Reiz der Neuheit. Ich gab mich ihnen mit dem Enthusiasmus hin, dessen nur der von Natur gesprächige Russe fähig ist, welcher noch dazu fünf Jahre hindurch ausschließlich in Gesellschaft zweier, dreier Specialisten lebte, die von ihrer engen, sie gänzlich ausfüllenden Beschäftigung in Anspruch genommen sind und nicht begreifen können, wie man seine kostbare Zeit mit müßigem Tratsch vergeudet. Das Vergnügen, welches ich an dem Verkehr empfand, theilte sich auch der Umgebung mit. Indem ich mich selbst hinreißen ließ, brachte ich neue Bewegung und neues Leben in jenen Kreis, den ich frequentirte. Der Ruf einer gelehrten Frau umgab mich wie mit einer Art Aureole; die Bekannten erwarteten irgendetwas von mir, man hatte bereits in zwei, drei Zeitschriften allerhand über mich ausposaunt, und diese mir noch völlig neue Rolle einer berühmten Frau hat mich, wiewohl sie mich etwas verwirrte, im Anfang dennoch belustigt. Kurz, ich befand mich in der seligsten Stimmung, ich durchlebte in dieser Epoche meines Lebens sozusagen l a   l u n e   d e   m i e l meiner

Berühmtheit; ich wäre bereit gewesen, auszurufen: ‚Alles ist auf das Beste bestellt in dieser besten der Welten.' "[1]

Ihr Mann kommt in diesem Text bezeichnenderweise nicht vor. Sonja kam in ein verändertes Land. Die Reformen Zar Alexanders II. gingen voran. Nach der „Bauernbefreiung" 1861 war mit der Justizreform von 1864 ein unabhängigeres und effektiveres Gerichtswesen im Entstehen begriffen; in eben diesem Jahre war die lokale Selbstverwaltung mit der Einrichtung der erwähnten Zemstwos auf eine neue Grundlage gestellt worden. Das Finanz- und das Schulwesen (1862/66 und 1864/65) sowie die Militärorganisation (bis zur Einführung der allgemeinen Wehrpflicht 1874) waren modernisiert worden. All diese zum Teil tiefgreifenden Neuerungen erregten aber nicht mehr die euphorische Resonanz in der Öffentlichkeit wie die Reformen aus den ersten Jahren.

Es war nämlich deutlich geworden, daß diese Reformen nur Reparaturen des autokratischen Systems sein sollten, nicht aber dessen Abschaffung intendierten. Eifersüchtig wachte Alexander II. über sein Recht, jederzeit alle Vorgänge an sich ziehen zu können, und hartnäckig weigerte er sich darum auch, eine Verfassung auch nur ins Auge zu fassen.

Zudem zeigten manche Reformen ihren Pferdefuß. Beispielsweise erhielten die rechtlich befreiten Bauern viel zu wenig Land zugewiesen, dessen vom Staat vorgestreckte Kaufsumme sie überdies in 49 (!) Jahren zurückzuzahlen hatte. Statt an den Grundherrn waren sie nun an die Dorfgemeinde gebunden, was ihre Freizügigkeit weiterhin empfindlich einschränkte.

Die Folge von alledem war ein allgemein um sich greifendes Gefühl der Frustration, eine vermehrte Unruhe bei den Bauern, die sich begreiflicherweise mehr versprochen hatten, und bei den Intellektuellen, die ihr manchmal ganz unsinnig verklärtes Bild von dem messianischen „Zar-Befreier" radikal revidierten. Die 70er Jahre waren eine Zeit der fortwährenden Gärung, ein riesiges Crescendo der Spannung und Unzufriedenheit, das in der Ermordung Alexanders II. am 13. März 1881 auf tragische Weise explodierte. Tragisch, weil ausgerechnet einer der wohlmeinendsten Zaren der gesamten russischen Geschichte ein gewaltsames Ende fand, tragisch auch, weil danach ein erzkonservatives Regiment ans Ruder kam, das eine Epoche erneuter Unterdrückung und Stagnation heraufbeschwor.

Die bei Bauern wie Intellektuellen gleichermaßen anzutreffende Unzufriedenheit mit den bestehenden Verhältnissen verleitete die Intellektuellen zu der Annahme, nun sei die Stunde gekommen für eine gesellschaftsverändernde Massenbewegung, nun könnten sie den Bauern ihre z.T. revolutionären Gedankeninhalte nahebringen. Ein Massenansturm idealistischer Volksbeglücker auf die Bauerndörfer setzte ein und sorgte im „verrückten Sommer" 1873 für erhebliche gesamtgesellschaftliche Unruhe. Dieses „Ins-Volk-Gehen" (narodnitschestwo) scheiterte vollständig. Die analphabetischen Bauern verstanden die Theorien nicht, die man ihnen wortreich vortrug, und wenn sie sie verstanden, so blockierte der ihnen von Kindheit an eingetrichterte Glauben an die Semigöttlichkeit des Zaren jegliche Möglichkeit der Aktion.

Aber auch die Regierung war nicht untätig und lichtete mit Massenverhaftungen die Reihen der „Volkswallfahrer": 770 wurden verhaftet, 258 davon auf Jahre ins Gefängnis gesteckt.[2]

Schon bald nach ihrer Rückkehr nach St. Petersburg wurde Sonja 1874 Mitarbeiterin des neugegründeten liberalen Blattes „Nowoe Wremja" (Neue Zeit), und für dieses nahm sie als Beobachterin an dem berühmten „Prozeß der 193" teil, der gegen die Organisatoren der — hauptsächlich studentischen — Agitation angestrengt worden war. Sie verharrte politisch damit einmal mehr in der passiven Betrachterrolle, aber genau analysierend und auch produktiv verarbeitend: In der „Nihilistin" hat sie ihre Beobachtungen verwertet. Die Passagen über diesen Prozeß gehören zum Besten der Erzählung.

„Wie es schien, sah die Regierung nicht ein, daß in einem solchen Lande wie Rußland infolge seiner ungeheuren Ausdehnung und des Mangels an Preßfreiheit die politischen Processe das beste Mittel der Propaganda sind. Viele junge Leute, welche Wjeras Gesinnungen theilten, hätten im Verlauf einer Reihe von Jahren nicht die Möglichkeit gefunden, der ‚Sache zu dienen', wenn nicht von Zeit zu Zeit politische Processe sie darauf geführt hätten, wo die wirklichen Nihilisten zu suchen. Im Allgemeinen erwecken die Angeklagten in den verschiedensten Kreisen lebhafte Sympathie. Wenn man auch mit ihnen nicht in directem Verkehre stehen kann, da sie in den meisten Fällen hinter Riegel und Gitter sitzen, so sind ihre Beziehungen zu den Freunden und Verwandten doch völlig frei, und man beeilt sich, diesen die Sympathien zu bekunden. Zwischen den Mitfühlenden und Denjenigen, denen man das Mitgefühl bezeugt, bildet sich ein gegenseitiges Vertrauen. Einer unterstützt und richtet den Anderen auf. ...

Um ¹/₂9 Uhr begann der Einlaß des Publicums, und wir befanden uns plötzlich in einem großen Saal zwischen einem Spalier von Gendarmen, die uns aufmerksam ins Gesicht blickten, als wollten sie unser Recht auf Eintrittskarten controliren.

Ein flüchtiger Blick genügte, um zu erkennen, daß das Publicum aus zwei Kategorien bestand.

Die Einen kamen aus Neugierde wie zu einem seltenen Schauspiel. Das waren zum größten Theile Leute aus der guten Gesellschaft, denen es nicht schwer fiel, Eintrittskarten zu erhalten. Darunter konnte man Damen bemerken, welche die erste Jugend weit hinter sich hatten, schwarz gekleidet, wie es der gute Ton verlangt. Viele hielten Operngläser in den Händen. Offenbar befürchteten sie, das geringste Detail des Dramas könnte ihnen entgehen, das sich vor ihren Augen abspielen sollte. Ihre Neugierde war so gespannt, daß sie Alle gerne die Gewohnheit späten Aufstehens und die natürliche Scheu vor jeder Berührung mit dem Volke zum Opfer brachten. Fast alle Männer dieser Gruppe sahen wie hohe Würdenträger aus, der Eine wegen der Uniform, der Andere auch schon wegen eines Ordens. In den ersten Minuten waren Alle vor Spannung wie erstarrt. Aber bald war die feierliche Stille gebrochen. Man fand Bekannte, es wurden Begrüßungen ausgetauscht. Die Liebenswürdigkeit der Herren kam in dem Wunsche zum Ausdruck, die besten Plätze den Damen zu überlassen. Nach und nach entspannen sich Gespräche — zuerst flüsternd, dann lauter und lauter. Hätte sich das nicht am frühen Morgen zwischen kahlen Wänden und Fenstern, auf einfachen Holzbänken zugetragen, so hätte man glauben können, daß man sich in einem Salon der guten Gesellschaft befindet.

Neben dieser Zuschauergruppe war auch eine andere. Diese bestand aus den Freunden und nächsten Verwandten der Angeklagten. Die traurigen, abgehärmten Gesichter, die alten Kleider, das trübe, schwere Schweigen, die Blicke, die sich voll Schreck auf die Thür richteten, in der die Angeklagten erscheinen sollten. — Alles in ihnen verräth bittere Wirklichkeit, die Vorahnung eines schrecklichen Ausganges. ...

Der Staatsanwalt war ein junger Mensch, der rasch Carrière machen wollte. Seine Beredsamkeit war daher sehr groß. Mehr als zwei Stunden lang entwirft er vor den Richtern ein düsteres Bild von der revolutionären Bewegung in Rußland. ... Gegen jede Kategorie erhebt er eine besondere Anklage, aber die giftigen Pfeile seiner Beredsamkeit sind fast ausschließlich gegen fünf Angeklagte gerichtet. Von diesen fünf waren zwei — Frauen, — Die Eine ist ein ganz junges Mädchen mit einem bleichen, länglichen Gesicht und träumerischen, blau-grauen Augen; das ist die Tochter eines hochstehenden Beamten, die Kameraden nennen sie ,die Heilige'. Die Andere ist älter, kräftiger, augenscheinlich gröberer Natur; ihr breites, flaches Gesicht ist nicht schön und trägt den Stempel des Fanatismus und des Eigensinns.

Von den Männern ist Einer ein Arbeiter mit intelligentem Aeußern, der Andere ein Schullehrer mit allen Anzeichen der galoppirenden Schwindsucht, der Dritte ein Student der Medicin jüdischer Herkunft, ...

*Indeß kann man zur Ehre des Advocatenstandes sagen, daß sich
in seiner Mitte stets Männer fanden, die hochherzig genug waren, sich
den Angeklagten zur Verfügung zu stellen, und sogar ohne jede Aussicht
auf Entlohnung. Auch in diesem Falle war es so; auch diesmal fanden
sich Leute, die gern die undankbare und verantwortungsvolle Rolle des
Vertheidigers übernahmen. Es fiel ihnen nicht ein, ihre Clienten zu ent-
schuldigen und deren Theilnahme an der revolutionären Bewegung zu
leugnen. Sie begnügten sich damit, die Motive ihrer Handlungen ins
vortheilhafteste Licht zu stellen; sie entwickelten kühne Theorien und
erlaubten sich nicht selten Ausdrücke, die in jedem anderen Proceß —
politische ausgenommen — nicht denkbar wären. ...*

*Die Sympathien des Publicums für die Angeklagten wuchsen stetig.
Die Mitglieder der guten Gesellschaft, welche die Neugierde in den Ge-
richtssaal getrieben hatte, hörten bestürzt Dinge an, an die zu denken
sie bislang auch nicht ein einziges Mal Gelegenheit gefunden hatten:
ihr Geist war nach dieser Richtung eben nicht geübt. Gerade so wie
Wjera den Socialismus für das einzige Mittel zur Lösung aller Fragen
hielt, glaubten Jene nach dem Hörensagen, daß alle Ideen der Nihilisten
in gewissem Sinne Wahnsinn wären. Sie lernten die beredt erörterten
Ideen kennen und sahen, daß diese schrecklichen Nihilisten lange nicht
jene Wunderthiere waren, welche ihnen ihre Phantasie oder Vorstellung
malte, sondern daß es unglückliche, sich völlig verleugnende junge Leute sind; es ist also nicht zu verwundern, daß sich vor den Augen Jener
eine neue Welt entfaltete und sie nicht mehr wußten, welche Gefühle
für die Angeklagten zu hegen. Von dem früheren mißtrauischen und
sarkastischen Verhalten war keine Spur mehr; die Sympathien für sie
steigerten sich sogar allmälig und schienen in Enthusiasmus übergehen
zu wollen. Bloß die Richter bekundeten auch weiterhin ihren gewohnten
Gleichmuth. Die redegewandten Advocaten rührten sie wenig; sie hatten im Vorhinein ihre Instructionen erhalten und man konnte sogar ihr
Urtheil vorhersagen. Man konnte ihnen bloß von Zeit zu Zeit Zeichen
von Müdigkeit und Apathie ansehen."*

Die Verteidigungsrede des Hauptangeklagten schließt in Sonjas
Erzählung mit folgenden Worten, die sie stellvertretend für den Geist
einer ganzen Terroristengeneration gewählt hat:

*„Der Herr Staatsanwalt hat Ihnen gesagt, ich sei ein armer Bett-
lerjude, und er hat Ihnen die Wahrheit gesagt; allein gerade deshalb,
weil ich die Armuth kenne und den Reihen der verachteten Nation
entstamme, fühle ich mit allen denen mit, welche leiden und kämpfen. Als ich sah, daß es mir unmöglich war, mit gewöhnlichen Mitteln
zu handeln, beschloß ich, zum Aeußersten Zuflucht zu nehmen, ohne*

*erst darüber nachzudenken, ob es gesetzmäßig oder gesetzwidrig ist.
Der Herr Staatsanwalt sagte Ihnen, wegen meiner Armuth sei ich auch
strenger als die Anderen zu bestrafen — meinethalben, möge man Alles
mit mir machen, was er will. Ich werde nicht um Ihr Mitleid bitten,
da ich jenem Volke angehöre, welches gewohnt ist, zu leiden und zu
dulden. "*

Das Ende des Prozesses hat die Erzählerin folgendermaßen gestaltet:

*„Die Mehrheit der Angeklagten wurde zur Verschickung nach Sibirien oder in ein entlegenes Gouvernement verurtheilt, bloß die fünf
erwähnten Angeklagten zu Zwangsarbeit von 5 bis zu 20 Jahren. ...*

*In den Regierungskreisen wurde dieses Urtheil einstimmig als
nachsichtig bezeichnet; Alle hatten eine strengere Lösung erwartet.*

*Aber das im Saale versammelte Publicum dachte nicht so; es empfand diesen Urtheilsspruch als einen schweren, betäubenden Schlag. Eine Woche lang hatte es das Leben der Angeklagten mitgelebt, jeden von
ihnen persönlich kennen gelernt und war in die verborgensten Winkel
der Vergangenheit eines jeden eingedrungen. Es war daher schwer, ihrem Schicksal gegenüber gleichgiltig zu bleiben; es war schwer, jenen
Standpunkt einzunehmen, auf den sich so oft der Leser stellt, wenn
er erfährt, daß irgend ein unabwendbares Unglück über eine ihm unbekannte Person hereinbricht.*

*Nach Schluß der Verlesung herrschte im Saale Todtenstille, nur
hie und da von Schluchzen unterbrochen. ...*

Die Menge ging langsam und stumm auseinander.

*Draußen begann der Frühling. Von den Dächern rann Wasser herab und floß in raschen Bächen die Trottoirs entlag. Reine, frische Luft
drang in die Brust. Alle Erlebnisse der letzten Tage schienen nichts als
ein Alpdruck gewesen zu sein, und es hielt schwer, an die Wirklichkeit
alles Geschehenen zu glauben. Wie im Nebel erschienen die Gesichtscontouren jener zwölf ohnmächtigen Greise, die längst alle Freuden des
Lebens genossen und nun voll Ruhe und Befriedigung das Urtheil gesprochen hatten, welches das Korn des Glückes und der Freude von
fünfundsiebzig menschlichen Wesen abgemäht hat. Das konnte Jedem
nur als bittere Ironie erscheinen. "*[3]

In diesen Petersburger Anfangsjahren schrieb Kowalewskaja für
ihre Zeitschrift vier kleinere populärwissenschaftliche Abhandlungen:
über die Möglichkeiten der Solarenergie, über Aspekte der damals
möglichen Luftfahrt, das just erfundene Telefon sowie über Gärungsprozesse und die Natur die Enzyme. Daß sie in letzterem Aufsatz auf
die Herstellung von Bier und Wein einging, ist weniger entscheidend

als die Tatsache, daß sie Gelegenheit fand, die Theorien Louis Pasteurs zu propagieren. Diese Art von Aufsätzen war sozusagen ein Versuch, Wissenschaft „in kleiner Münze" unter das breite Volk zu bringen.

Außerdem flossen in den Jahren 1876/77 Theaterkritiken über heute vergessene Schauspielerinnen und Schauspieler aus ihrer Feder, über wenig bekannte Stücke von Ostrowskij und Pisenskij, aber auch über Tolstoijs „Posadnik". Sie hatte stets eine sehr dezidierte Meinung darüber, ob ein Stück etwas taugte oder wie gut die Darsteller agiert hatten. Besonders aber „gab die Theatervorstellung Kowalewskaja immer die Möglichkeit, allgemeinere Probleme zu erörtern, demokratische Prinzipien zu verfechten und sich über russisches Leben oder den russischen Charakter auszulassen. ... Es ist interessant, daß Kowalewskajas literarisches Werk über weite Strecken autobiographisch ist und ihre gesellschaftlichen Ansichten widerspiegelt. Seit ihrer Kindheit war sie immer schnell darin, auf gesellschaftliche Ereignisse zu reagieren."[4]

1877 entstand ihr (heute verschollener) Roman der *Privat-Docent*. Wladimir Kowalewskij veröffentlichte in dieser Zeit einen Appell, den unterdrückten slawischen Völkern gegen die Türken zu helfen.[5] 1878 war Sonja unter den Gründungsmitgliedern der Petersburger Bestuschew-Kurse (vgl. S. 33).[6]

Man sieht, die Kowalewskijs litten nicht unter einem Mangel an Aktivität. Sie führten ein großes Haus, in dem Mendelejew, Setschenow und auch Tschebyschew, einer der besten russischen Mathematiker seiner Zeit, verkehrten. Dostojewskij besuchte, allein oder mit seiner Frau, die Petersburger Residenz der bald verwitweten Elisaweta Korwin-Krukowskaja, in der auch die Jaclards wohnten. Aber auch mit Kowalewskaja sprach und korrespondierte er über eigene oder fremde Literatur (etwa Tolstoij) oder Politik, etwa wenn es um einen entfernten Verwandten Puschkins ging, der in Isolationshaft saß. Auch mit Turgenjew verkehrte Sonja. (Leider konnten er und Dostojewskij sich nicht ausstehen, so daß man sie immer getrennt einladen mußte.) Es wäre also kein Wunder, wenn Turgenjew seine Gastgeberin in einem seiner Romane porträtiert hätte. Marianna (oder Marianne) aus seinem späten Werk „Neuland" (1877) ist eine idealistische junge Frau, die mit ihrem platonischen Geliebten Neschdanow aus ihrer wohlhabenden Umgebung flieht, um unter Fabrikarbeitern zu leben:

„ ‚Sagen Sie uns nur, was wir thun sollen,' sagte Marianne. ‚Wollen wir annehmen, die Revolution ist noch in weiter Ferne — aber die Vorbereitungen zu derselben, die Vorarbeiten, die in diesem Hause und in dieser Umgebung unmöglich sind ... Wir möchten uns ... Beide so gern an denselben betheiligen. Sie werden uns sagen, wohin wir gehen sollen. Senden Sie uns aus! — Sie werden uns doch aussenden?' ‚Wohin?' ,Unter das Volk ... wo sollten wir denn anders hingehen als in das Volk?' ... ,Sie wollen das Volk kennen lernen?' ,Ja, das heißt ... wir wollen es nicht blos kennen lernen, — sondern auch für dasselbe handeln ... für dasselbe arbeiten.'

,Gut, ich verspreche Ihnen, daß Sie das Volk kennen lernen sollen. Ich werde Ihnen die Möglichkeit bieten, für dasselbe zu wirken — für dasselbe zu arbeiten.' "[7]

Es gilt gemeinhin als sicher, daß das äußere Erscheinungsbild jener revolutionären Marianna demjenigen Kowalewskajas nachempfunden ist: „Marianna hatte exakt Sophias rundes Gesicht, ihr gelocktes, kastanienfarbenes und rundgestutztes Haar, ihre großen und sehr glänzenden Augen, ihre schmalen Augenbrauen, ihre kleinen Hände und Füße, ihren „handfesten und geschmeidigen kleinen Körper, der an eine Florentinische Statuette aus dem 16. Jahrhundert erinnerte", ein „sehr lebhaftes Geschöpf" mit der „Tendenz zu erröten" und einer „abweisenden Miene", die in ernsthafter Unterhaltung sehr unduldsam war, wenn es Trivialitäten gab statt Begründungen und Fakten. ... Marianna, wie Sophia eine stolze Frau, ist auch Tochter eines Generals, obwohl eher zivilen als militärischen Ranges und eher von fehlerhaftem statt aufrechtem Charakter. Marianna ist interessiert an der Frauenemanzipation und Mädchenbildung, und von ihrem ganzen Wesen, in Verbindung mit ihren Überzeugungen, strahlt ein „starkes, kühnes, leidenschaftliches und ungestümes Element" aus. Es überrascht nicht, daß der Mann, mit dem Marianna durchbrennt, Haare von einer gewissen roten Schattierung hat, wie sie Vladimir besaß, obwohl der Charakter ... in anderer Hinsicht keine äußere Ähnlichkeit mit Sophias Gatten hat."[8]

Tschebyschew korrespondierte seit 1858 mit Weierstraß. Kowalewskajas Briefwechsel mit diesem wurde dagegen immer dünner. Zwischen 1875 und 1878 ruhte er ganz. Sie war es, die die Kontakte abbrach, warum auch immer: Wollte sie nicht beständig moralisch unter Druck gesetzt werden, sich weiter mit Mathematik zu beschäftigen?[9] War es das Bedürfnis, nach den erschöpfenden Berliner Jahren etwas völlig anderes zu tun? War es der in dieser Zeit eintretende Tod des Vaters, der sie mit der Vergangenheit brechen ließ? War es die Unmöglichkeit, in Rußland eine adäquate Stelle zu finden, die sie am Sinn ihrer wissenschaftlichen Betätigung zweifeln ließ?[10] Oder war es die neue Qualität ihrer Beziehung zu Wladimir, die sie einen Schlußstrich ziehen ließ?[11]

„Zunehmend verlor sich der ,fiktive' Charakter ihrer Ehe, sie gab sich in der Öffentlichkeit als ,liebenswerte Gattin', achtete verstärkt auf ihr Äußeres, und, wie Koblitz anführt: ,Sonjas Freunde fanden ihr Verhalten ,weiblicher' und unselbständiger.'

Es ist dieser Wandel schwer nachvollziehbar. Allerdings boten sich zu der Zeit kaum Alternativen, da eine Scheidung nach wie vor mit großen Schwierigkeiten verbunden war. Zudem konnte es sich Kowalewskaja aufgrund ihrer ungesicherten Lage finanziell nicht leisten, alleine zu leben. Hinzu kam, daß sie keinen gleichwertigen Ersatz für die geistige Auseinandersetzung mit der Mathematik fand und ihr somit ein wichtiger psychischer Halt fehlte. In diesem labilen Zustand sah sie sich den Ansprüchen ihres Gatten gegenüber, der eine Ehe im ‚bürgerlichen‘ Sinne wünschte. Da sie sich dem Konflikt nicht gewachsen fühlte, fügte sie sich vorübergehend in die traditionelle Frauenrolle."[12]

Die Ehe war angeblich in Palibino vollzogen worden[13], wo ein trauriger Anlaß die Familie zusammenführte: Am 30. September 1875 war General Korwin-Krukowskij gestorben. Möglich, daß die Trauer um den zuletzt sehr geliebten, still gewordenen Vater, daß die melancholischen Reminiszenzen an den Ort ihrer Jugend Sonja in die Arme ihres Mannes trieben — im wahrsten Sinne des Wortes.

Es scheint, daß Sonja Kowalewskaja damit den entscheidenden Schritt ins „volle Erwachsenendasein" tat. Wissenschaftlich, publizistisch — und nun auch als Frau fand die Mittzwanzigerin in der Gesellschaft des intellektuellen, adlig-großbürgerlichen St. Petersburg fürs erste ihren Platz.

Am 17. Oktober 1879 wurde die Tochter Sofia Wladimirowna geboren, nach schwieriger, zwölfstündiger Geburt. Wir wollen sie, um Verwechslungen zu vermeiden, mit dem Kosenamen ihrer Freunde „Fufa" oder „Fufu" nennen. Sonja bemühte sich, eine zärtliche Mutter zu sein, und ihre Freunde lobten ihr wohlmeinendes Engagement. Aber, wie einst von ihrem Mann vorausgesagt, eine geborene Pädagogin war sie nicht, quecksilbrig, ungeduldig und egozentrisch, wie sie war.[14] Die Umstände brachten es später mit sich, daß das Kind oft monatelang bei Lermontowa oder Alexander Kowalewskij aufwuchs und überhaupt einsam blieb.[15]

Wieder einmal kamen Kowalewskijs mit dem Geld nicht aus. Die 2100 Rubel pro Jahr reichten hinten und vorne nicht, die beide aus Erbschaft, Gutseinkünften und Privatstunden besaßen. Schon beim Tode des Generals schuldete Wladimir seinem Schwiegervater 20 000 Rubel, so daß Sonja nur noch 30 000 (statt 50 000) erbte. 1875 verfiel Kowalewskij auf die unglückselige Idee, Häuser zu bauen und wieder zu verkaufen, und Sonja, die zwar höhere Mathematik beherrschte, aber nicht rechnen konnte[16], half ihm auf tapsige Weise bei diesen Spekulationen. Rechnen hat etwas mit praktischem Leben zu tun, Mathematik aber nicht unbedingt. Die Unfähigkeit, das Rechnungswesen der eigenen Familie zu übersehen, betrifft beide Kowalewskijs und ist für dieses Mal keine jener speziellen Reaktionen Sonjas, auf Probleme mit weiblicher Hilflosigkeit zu reagieren.[17] Schon in Heidelberg reichte die Kasse ja nie aus, und für das knallharte Geschäft des Manchester-Kapitalismus fehlten dem Ehepaar Kowalewskij die Mentalität, die Erfahrung und das Interesse. Folgerichtig waren sie 1879 bankrott.

Nun stieg Wladimir ins Erdölgeschäft ein, indem er der Geschäftsführung der Firma Ragozin & Co beitrat und sich, unter Schulden natürlich, an deren Aktienkapital beteiligte. Leider war das Gebaren der Firma alles andere als seriös.

Mit charakteristischer Verspätung gewann im Rußland Alexanders II. die Industrielle Revolution an Geschwindigkeit, wenn sie ihren Höhepunkt auch erst in den 90er Jahren erreichte. Motor der Entwicklung war der Eisenbahnausbau. Die Kohle-, Erz- und Stahlerzeugung stieg rapide an. Besonders märchenhaft aber nahm sich die Steigerung der Erdölproduktion aus, sie verdreihundertfünfzigfachte sich! Diese immer wieder von Krisen durchbrochenen Boomjahre brachten als unschöne Begleiterscheinungen aber nicht nur das unglaubliche Arbeiterelend hervor, sondern auch windige und halbseidene Glücksritter wie die Gebrüder Ragozin ...

Mit den Finanzen der Familie Kowalewskij ging es jedenfalls kontinuierlich bergab.[18] Es bleibt trotz allem bewundernswert, daß Wladimir „nebenbei" seine wissenschaftliche Karriere vorantrieb: Er machte den russischen Magister nach und wurde schließlich 1881 Dozent für Paläontologie (wenn auch ein pädagogisch schlechter)[19] an der Universität Moskau. Hierhin zog die Familie denn auch um.[20]

Sonja ihrerseits hatte in Rußland keinerlei Chance auf wissenschaftliche Betätigung. Sowohl in Petersburg als auch in Moskau lehnte man es ab, sie zum Magisterexamen zuzulassen. Allenfalls hätte sie die unteren Klassen höherer Mädchenschulen unterrichten können. Bei den Bestuschew-Kursen (die sie mitbegründet hatte!) kam sie nicht unter.

Aber im gleichen Jahr, als die Moskauer Universität es ablehnte, eine in Göttingen summa cum laude promovierte Mathematikerin zum Magisterexamen auch nur zuzulassen, 1880 also, hielt sie einen Aufsehen erregenden Vortrag auf dem VI. Kongreß der Naturwissenschaftler und Physiker in Petersburg. Tschebyschew hatte sie dazu überreden können, und er hatte Erfolg: Sie hatte „Blut geleckt" und konnte von nun an nicht mehr von der Wissenschaft lassen. Mit einem weiteren Weierstraß-Schüler, dem Schweden Gösta Mittag-Leffler, trat sie in lebhafte Kontakte. Sie hatte ihn schon 1876 in Petrsburg einmal gesehen, aber von jetzt an sollte er immer stärker ihrem Leben die abschließende Richtung weisen.

Mit alledem war aber auch der Anfang vom Ende ihrer Ehe gegeben.[21] Bei Kowalewskaja bestand eine bezeichnende Wechselspannung zwischen ihrem Gefühlsleben und ihrer wissenschaftlich-geistigen Betätigung: Ließ das eine nach, so suchte sie Ersatz im anderen. Wirklich miteinander vereinbaren konnte sie beides ihr Leben lang nicht. Ihre letzte und vielleicht tiefste Beziehung, die zu Maxim Kowalewskij gegen Ende ihres Lebens, ist an dieser Unvereinbarkeit gescheitert.

Sie schrieb nun wieder regelmäßig an Weierstraß, den sie nur 1878 mit einem Brief beglückt hatte, um dann wieder zwei Jahre lang zu schweigen. Aber Anfang November 1880 war sie wieder in Berlin, und Weierstraß riet ihr zu jener Thematik, der sie die nächsten Jahre widmete: der Lichtbrechung in den damals so genannten kristallinischen Medien.

Ende Januar 1881 verließ sie mit Fufa Moskau und zog nach Berlin, Potsdamer Straße 134a. Der ständig umherreisende Wladimir akzeptierte die neue Situation und zog zu seinem Bruder nach Odessa.[22]

Mittag-Leffler schlug Kowalewskaja schon 1881 vor, nach Stockholm zu gehen. Aber Weierstraß riet vorerst ab, da die Ehe auf diese Weise völlig ruiniert werde.[23] Anfang 1882 trafen sich die Eheleute in Paris. Sonja war dorthin gefahren, um mit einem Hauptvertreter der französischen Mathematik, Charles Hermite[24], Kontakte zu knüpfen. Wladimir nahm im Anschluß an das Treffen Fufa mit zu seinem Bruder Alexander; später kam sie auch zu Lermontowa.

Immer mehr wurde Paris nun zu Sonjas Daueraufenthaltsort, zum Exil. Sie lebte in einer bescheidenen Studentenwohnung Grand Rue 7 von dem, was Wladimir ihr zukommen ließ. Das Paris der Belle Epoque bezauberte sie.

Die nach den Wirren ihrer ersten Jahre nun gefestigte und als endgültig anerkannte Republik ließ auch der so typisch französischen Lebenskunst wieder freien Raum. Es war nicht mehr der schäumende Trubel des Zweiten Kaiserreiches, sondern die gemäßigte Eleganz einer bürgerlichen Gesellschaft, realistischer als die Generation vor dem Kriege 1870/71, zum Teil derber, aber auch geistreich und geistig ungeheuer produktiv. Die Kriegsgeneration von 1914/18 hat dieses Paris von Zola und Debussy, Monet und Toulouse-Lautrec, des Moulin Rouge, des Eiffelturms und der Nach-Offenbachschen Operette mit einigem Recht verklärt, und vielleicht gehören die 80er Jahre, trotz deutlicher nationalistischer und antisemitischer Störungen, zu den besten Jahren der Dritten Republik.

Über den in Paris lebenden Emigranten Peter Lawrowitsch Lawrow hielt Sonja sich aber auch auf dem laufenden über die Entwicklung

in Rußland. Die Theorie des — selber naturwissenschaftlich gebildeten — Lawrow von der gesellschaftsverändernden Kraft der denkenden
Elite und der sozialen Bedeutung umfassender Bildung[25] entsprach so
ganz dem „Sozialismus" Kowalewskajas. Im übrigen aber entfremdete
sie sich in den Folgejahren, natürlich ungewollt, der russischen Heimat,
die sie in Zukunft nur noch besuchsweise aufsuchte. Eine Reaktion ihrerseits auf das Attentat, dem Alexander II. zum Opfer fiel, ist nicht
bekannt: Es fiel mitten in das Chaos ihrer Übersiedlung nach Berlin.

In Paris zählte zu ihren Bekannten, neben Lawrow und den bedeutenden Mathematikern Charles Hermite, Emile Picard, Henri Poincaré,
Gaston Darboux und Paul Appell, auch Marie Mendelson, die Frau
eines polnischen Sozialisten. Die Bekannte Lawrows wurde in der Fol-
gezeit eine ihrer besten Freundinnen. Kowalewskajas Briefe an sie, die
die Empfängerin später zum Teil veröffentlichte[26], zeigen das auch über
die Pariser Zeit hinaus fortbestehende Interesse der Mathematikerin an
linken, anarchistischen, sozialistischen Ideen, Personen und Umtrieben,
mit denen Mendelson zu tun hatte. Es ist davon die Rede, wie Kowalewskajas Paß bedrängten Frauen half, aus Rußland herauszukommen;
sie wetterte gegen die russische Polizei und Justiz und gegen das Bis-
marcksche Sozialistengesetz; sie erkundigte sich gar nach den neuesten
Publikationen der Narodnaja Wolja!

Aber Marie Mendelson war schon längst nicht mehr die glühen-
de Radikale ihrer Jugend, sondern zur Revisionistin geworden, die den
Sozialismus also aus den bestehenden Verhältnissen heraus entwickeln
wollte. Diese Position galt auch für den deutschen Sozialdemokraten
Georg Vollmar, den Kowalewskaja 1882 in Paris traf und in den sie
sich vielleicht ein bißchen verliebte. Es blieb eine lebenslange Freundschaft, und durch Vollmar wurde ihr Interesse an konkret umsetzbarer,
realistischer Politik geweckt, so daß sie sogar etwas wie Scham über ihren „wissenschaftlichen Elfenbeinturm" empfand: angesichts des *„Un-
rechts überall um uns herum, das so enorm geworden ist, daß jedes
andere Interesse verblaßt vor der großen ökonomischen Schlacht, die
sich vor uns entfaltet, und die Versuchung, in die Reihen der aktiven
Streiter einzutreten, wird sehr stark werden."*[27] Letzten Endes aber gab
ihr die Lawrowsche Position von der Vorreiterrolle der denkenden Elite
die Rechtfertigung, an der Priorität der wissenschaftlichen Betätigung
festzuhalten. Aber es war typisch für sie, daß sie 1889 auf dem Internationalen Sozialistenkongreß in Paris anwesend war![28]

Eine merkwürdige Anekdote aus der Pariser Zeit weiß A.-Ch. Leffler zu berichten: „Noch eigentümlicher und zugespitzter entwickelte
sich später ein Verhältnis ... Die Wirtin, bei der sie einen Sommer in
einer der Vorstädte wohnte, war sicher etwas zweifelhaft, was sie von

ihr denken sollte, wenn sie zuweilen um zwei Uhr nachts einen Mann aus ihrem Zimmer kommen und über die hohe Mauer klettern sah, die den Obstgarten umgab. Wenn dazu der junge Mann noch ganze Tage bei Sonja zubrachte und immer bis in die späte Nacht hinein dablieb, während sie damals mit niemand sonst umging, muß man zugeben, daß die Sache verdächtig aussah. Und doch war das Verhältnis eines der idealsten, die man sich denken kann.

Der junge Mann war Pole und Revolutionär, außerdem Mathematiker und Dichter."[29]

Wir zitieren diese obskure Geschichte, um zu zeigen, wie schnell man bei der Darstellung von Kowalewskajas Privatleben, das eben nicht so viel hergibt, wie manche Neugierige ex post meinen mögen, in romanhafter Ausschmückung endet oder, wenn man Pech hat, bei dubioser Kolportage. Vor beidem muß man sich hüten, gerade wenn wir uns jetzt dem Dauerproblem von Sonjas Ehe wieder zuwenden.

Sie schrieb an ihren Schwager Alexander, der der Vertraute beider Partner war:

„Wenn Wladimir Onufriewitsch sich doch dazu entschließen könnte, ruhig zu werden und sich auf seinen Universitätsposten zu konzentrieren, dann müßte ich natürlich nach Rußland zurückkehren; und das wäre auch nicht so schlimm, wenn Wladimir Onufriewitsch nur wirklich ruhig würde und nicht mich und sich selbst quälen würde mit seinen endlosen Projekten. Manchmal bin ich einen ganzen Tag lang unfähig, etwas anderes zu tun, als in meinem Zimmer hin- und herzulaufen, wie ein Tier im Käfig. Irgendeine Entscheidung — aber diese Unentschiedenheit ist mörderisch."[30]

In der Tat war aus dem selbstzufriedenen, stoischen Ehemann ein gehetztes Tier geworden, das panikartig aus der finanziellen Misere herauszukommen suchte und dabei immer nur noch mehr zerstörte. Weierstraß schrieb an Sonja: „..., Du vermagst Dich nicht [in] die Unruhe seines Lebens hinein zu finden. Eure Charaktere sind zu verschieden, ... Wie die Sachen jetzt liegen, scheint das bisherige Verhältnis zwischen Euch beiden in der Tat unhaltbar geworden zu sein; ... Aus Deiner jetzigen Einsamkeit mußt Du sobald als möglich heraus, ..."[31]

Im Frühsommer 1882 kam es in Paris zur endgültigen Trennung der beiden. „Ich verstehe das und hätte an ihrer Stelle das gleiche getan", schrieb Wladimir an seinen Bruder, „aber für mich ist es hart. Oh, wie hart ist Einsamkeit, wenn man 40 Jahre alt ist, und wie erschreckend ist es, sich umzuschauen und kein einziges freundliches Gesicht zu sehen!"[32]

Nicht abgeschickt wurde der folgende pathetische Brief an Alexander, der aber gerade deshalb als Testament zu betrachten ist: „Alles, was ich in Angriff genommen habe, ist eben dadurch kaputt gegangen, und das Leben wird furchtbar schwer ... Schreibe Sofa, daß meine Gedanken ständig um sie waren und wieviele Fehler ich ihr gegenüber gemacht habe und wie ich ihr Leben verschwendet habe, das ohne mich hell und glücklich gewesen wäre. Meine letzte Bitte geht an Anjuta — nämlich sich um Sofa und die kleine Fufu zu kümmern; sie ist nun die einzige, die das tun kann, und ich bitte sie darum."[33] Und ein letztes Mal an Alexander: „Ich habe nun festgestellt, daß ich ein völlig wertloser Mensch bin und wieviel reine Liebe solche Leute wie Du und Sofa an mich vergeudet haben."[34]

Am 27. April 1883 vergiftete sich der unglückliche Mann mit einer Flasche Chloroform. Als Sonja die Nachricht erhielt, fiel sie in Ohnmacht und lag Tage lang angeblich auf den Tod danieder.[35]

Dann geschah etwas psychoanalytisch sehr Interessantes: Die oben erwähnte Wechselspannung zwischen Gefühl und Intellekt funktionierte auf eine (vielleicht lebensrettende?) Weise: Kaum war sie am sechsten Tag aus der Bewußtlosigkeit erwacht, verlangte sie nach Feder und Papier und begann, mathematische Aufgaben zu lösen.[36] Die Abstraktion der reinen Wissenschaft half ihr aus der Beklemmung der Realität.[37] *„Ich muß Mathematik nur berühren, und schon vergesse ich alles andere auf der Welt."*[38]

Sie reagierte zunächst aber auch mit Schuldkomplexen: Hatte sie ihren Mann nicht in dem Augenblick im Stich gelassen, in dem er sie am dringendsten gebraucht hätte? Hatte sie das Ausmaß seiner Verzweiflung übersehen? Bis zu ihrem Lebensende wird sich nun ihr Gefühl verstärken, für die wahre Liebe untauglich zu sein.

Alles, was sie noch für Wladimir tun konnte, führte sie getreulich aus: Sie ordnete in Moskau seinen Nachlaß und erreichte, daß er halböffentlich von einer Schuld an den dunklen Geschäften der Firma Ragozin & Co freigesprochen wurde. Ihre Tochter kam einmal mehr zu Schwager Alexander und Lermontowa. Und dann war diese Epoche ihres Lebens abgeschlossen.[39]

Gleich nach dem Tode Wladimirs hatte Weierstraß ihr angeboten, quasi als „dritte Schwester" in seinem Haushalt zu wohnen.[40] Aber sie wollte anderes.

Sie fühlte, daß sie zu einer größeren persönlichen und geistigen Unabhängigkeit gelangen mußte, wenn das Desaster ihrer Ehe zumindest im nachhinein einen Sinn machen sollte. „Unabhängigkeit" wollen wir hier relativ verstehen. Wirklich souverän wurde Kowalewskaja bis zu ihrem Tode nicht, und dies war von einer Frau ihrer charakterlichen

Vorgaben und ihres sozialen Hintergrundes auch kaum zu erwarten. Aber sie machte einen wichtigen Schritt vorwärts.

Auf dem VII. Kongreß der Naturwissenschaftler und Physiker in Petersburg September 1883 hatte sie ihre Forschungen über Lichtbrechung dargelegt. Referierte sie 1880 noch ihre über sechs Jahre alten Ergebnisse der Dissertation, so konnte sie nun schon mit frischen Ergebnissen aufwarten. Forschen sollte nun, endlich, ihr Lebensinhalt werden.

„Die Aufgaben eines Professors sind etwas in sich Edles, und sie sind für mich immer sehr attraktiv gewesen."[41] So hatte sie 1881 an Mittag-Leffler geschrieben, und dieser wurde nun, 1883, ihr neuer Mentor. Von Helsinki aus war er an die neu gegründete Universität von Stockholm gegangen und hatte hier begonnen, eine kompetente mathematische Fakultät aufzubauen. So folgte sie seiner Aufforderung und brach in völliges Neuland auf.[42] Und außerdem galt für sie: *„Ich wäre entzückt, eine neue Karrieremöglichkeit für Frauen aufzutun."*[43]

Am 18. November 1883, einem verhangenen Tag, landete sie mit dem Schiff in Stockholm.

Aufbruch zu neuen Ufern:
Stockholm (1883–1888)

Schweden galt im 19. Jahrhundert, ganz allgemein, als liberales Land. Das war auch Kowalewskajas Meinung:

> *„Schweden war nie unter dem Joch eines fremden Staates, es hat dort nie so etwas wie Leibeigenschaft gegeben, keiner der Könige war ein Tyrann wie Iwan der Schreckliche oder Ludwig XI., und es hat auch nicht unter so grausamen und unnachsichtigen religiösen Verfolgungen gelitten wie andere Staaten Westeuropas"*, schreibt sie in ihren *Schwedischen Impressionen*.[1] *„Hier in Schweden fühlt man wirklich, daß es im Leben eine echte Verbindung gibt zwischen Überzeugung und Tun. Ganz allgemein gesagt, ist es nicht einfach, einen Schweden von irgendetwas zu überzeugen. Wenn man das aber einmal geschafft hat, bleibt er nicht auf halbem Wege stehen, sondern setzt seine Überzeugung sofort in die Praxis um."* — *„Stockholm ist eine ziemlich hübsche Stadt; was die Gesellschaft anbelangt, so besteht in ihr ein Gemisch neuer und freidenkender Ideen auf einem patriarchalischen und aufrichtig deutschen Boden, . . ."*[2]

Natürlich war dieser euphorische Ton mitbestimmt von dem Kontrast der Beklemmungen, die Sonja von Rußland her gewohnt war, und man muß auch Relativierungen der schwedischen Liberalität zur Kenntnis nehmen, die sich in diesem harschen Ton nur ein Schwede wie Gösta Mittag-Leffler erlauben konnte. Er schrieb — noch 1923! — über Kowalewskajas Anstellung an der Universität:

„Andererseits wäre es eine ganz deplazierte Prahlerei, wenn man behaupten wollte, daß Sonjas Anstellung der Beweis für eine Sozialkultur war, die vom Standpunkt der Frauenemanzipation in Schweden fortgeschrittener war als in anderen Ländern. Ihre Anstellung gelang hauptsächlich aus einem Überraschungsmoment heraus, das der Opposition nicht genügend Zeit ließ, sich zu organisieren. Die eigentlichen Schwierigkeiten kamen später. Die Äußerungen dieser Feindseligkeit sind noch zu frisch, als daß ich die entsprechende Korrespondenz jedermann zugänglich machen könnte, die eines Tages eine Menge seltsamer Innenansichten aus den Gelehrtenrepubliken enthüllen wird, nicht nur von Stockholm und Uppsala, sondern auch von Berlin, St. Petersburg und anderen Zentren der Geisteskultur."[3]

Auch unter den damals 200 000 Einwohnern Stockholms gab es also Konservative[4], auch Frauenfeinde wie Strindberg, der schon vor

Sonjas Ankunft über die „Ungeheuerlichkeit" eines weiblichen Mathe-
matikprofessors gewettert hatte.[5] Aber die Universität Stockholm galt
als Hort der Liberalität.

Sonja hat ihre Geschichte sorgsam nacherzählt:

*„Bis dahin war in Schweden Upsala die Universität gewesen, die
schon seit mehreren Jahrhunderten fortbestand. Sie leidet an denselben
Mängeln, welche die meisten alten Universitäten kleinerer Städte kenn-
zeichnen. Das Leben ist in ihnen gleichsam erstarrt, und Alles behält
denselben Zuschnitt, wie es vor Jahrhunderten üblich war. Die Professoren führen ein abgeschlossenes, fast mittelalterliches Dasein, das
zur Entfaltung neuer, befruchtender Ideen wenig beiträgt. Hierbei entsteht unausbleiblich eine gewisse Gevatterschaft, wie auch an den russischen Provinzial-Universitäten, und ein Professor zieht den anderen
an der Hand. Es regte sich das Bedürfniß, neue Kräfte zu gewinnen,
um diesen Mängeln abzuhelfen, und die öffentliche Meinung, die sich
in Schweden einer großen Bedeutung erfreut, verlangte die Gründung
einer Universität in der Hauptstadt. Obschon das Leben in Schweden
sehr einfach ist, so mangelt es doch nicht an reichen Leuten, die mit
Freuden große Geldopfer bringen, wenn es das allgemeine Wohl gilt.
Sobald eine Sache der öffentlichen Theilnahme sicher ist, finden sich
auch mit Leichtigkeit die Mittel zu deren Durchführung. Diese That-
sache setzt jeden Ausländer in Erstaunen, der nach Schweden kommt.
Fast eine jede gemeinnützige Anstalt ist dort durch Privatschenkungen
entstanden. Dasselbe gilt von der Stockholmer Universität. Einen der
Hauptgründe, weshalb ihre Errichtung erwünscht war, bildet auch die
Schwierigkeit für viele Stockholmer Familien, ihre Söhne in das ferne
Upsala zu senden. Auf diese Weise hatte das Unternehmen Anfangs
einen rein individuellen Charakter. Einzelne Personen traten zusammen und begannen mit vereinten Kräften, die nöthigen Gelder einzu-
sammeln. Als die öffentliche Meinung deutlicher hervortrat, entschloß
sich auch die Regierung, sowie hauptsächlich der Stadtrath, sich an der
allgemeinen Sache zu betheiligen und die Hälfte der nöthigen Ausgaben
auf sich zu nehmen. Hierbei enthielt sich die Regierung aber jedweder
dictatorischen Einmischung in das Schicksal der zukünftigen Universität, und die Frage über die Art ihrer ferneren Entwicklung wurde der
Gesellschaft überlassen.*

*Als Grundgedanke wurde ihre völlige Freiheit angenommen, und
die deutschen Universitäten mit ihren freien Vorlesungen sollten ihr als
Muster dienen."*[6]

Die Stockholmer Universität wurde je zur Hälfte von der Kommune und von reichen Stadtbürgern finanziert[7] — auch das ein Beispiel

liberaler Eigeninitiative, wie die Stadtbevölkerung überhaupt für gemeinnützige Zwecke sehr aufgeschlossen war.[8]

Mittag-Leffler brachte der neu gegründeten mathematischen Fakultät, zusammen mit Kowalewskaja, internationales Renommée. 1885 schrieb er ihr: „Mit der Zeit werden wir Stockholm zum besten Ort, Mathematik zu studieren, machen, wenn wir es schaffen, zumindest für einige Jahre gesund zu bleiben und wenn Sie nicht auf halber Strecke den Mut verlieren."[9]

Zumindest Gösta Mittag-Leffler war gesund und lebte lange genug (1846–1927), um als berühmter Mann zu sterben.[10] Als Sohn eines Schuldirektors und Parlamentsabgeordneten wuchs er im reichen Bürgertum auf, und seine Heirat mit Signe Lindfors, der Tochter eines finnischen Generals, ermöglichte ihm bis zum Ersten Weltkrieg materielle Unabhängigkeit, den Aufbau einer reichhaltigen Bibliothek, eine Villa in Djursholm (wo heute das „Institut Mittag-Leffler" untergebracht ist) und nicht zuletzt die Gründung der „Acta Mathematica" (1882), einer rasch berühmt gewordenen und über ein Jahrhundert fortbestehenden Fachzeitschrift, als deren Mitherausgeberin Sonja fungierte und in der eine Reihe ihrer Abhandlungen und sie betreffender Artikel erschienen sind.[11]

Nach ihrer Ankunft konnte Kowalewskaja zunächst bei den Mittag-Lefflers unterkommen, ab Januar 1884 hatte sie ein eigenes, zunächst noch kleines und möbliertes Appartement im Kommandörsgaten 10. Sie ist in Stockholm viel umgezogen: Ostra Hummelegardgäten 14, Engellbrecktsgäten 4 und Sturegatan 56 lauteten später ihre Adressen.[12]

Vor vollem Auditorium und nicht, wie später behauptet, in aller Stille, ging die Sensation vorüber: die erste Vorlesung des weiblichen Privatdozenten (Professorin war sie noch nicht) am 30. Januar 1884 über die Theorie partieller Differentialgleichungen.[13] Sie notierte am Abend im Tagebuch:

„Weiß nicht, ob es gut war oder schlecht, weiß aber, daß es sehr schlecht ist, heimzukommen und sich so allein auf der Welt zu fühlen. In solchen Augenblicken merkt man sehr stark, daß (auf französisch; Vf.) *,wieder eine Lebensetappe hinter einem liegt'.*"[14]

Noch konnte sie kein Schwedisch — ob die ersten Vorlesungen auf deutsch oder auf französisch gehalten wurden, darüber gehen die Überlieferungen auseinander.[15] Aber die sprachbegabte Frau lernte auch ihre vierte Fremdsprache innerhalb von zwei Wochen bis zur Gesprächs-, innerhalb von zwei Monaten bis zur Lesefähigkeit![16] Ihre späteren Kurse konnte sie in der Landessprache absolvieren.

Bis zum Wintersemester 1890/91, also bis zu ihrem Tode, hielt sie insgesamt 13 Vorlesungsreihen, hauptsächlich über Differentialgleichungen und Abelsche Integrale; aber auch über Algebra, Zahlentheorie und ihr Spezialgebiet: die Bewegung starrer Körper. Sie referierte Abel, Weierstraß und Poincaré.[17] Stellte sie sich anfangs verständlicherweise schüchtern und linkisch an, so wurde sie mit der Zeit immer freier und eine vielgerühmte Lehrerin, der eine kleine, aber auserwählte Schar treu folgte. Einer ihrer Schüler war der später bekannt gewordene Ivar Bendixson. Mehr als 16 bis 17 Zuhörer hatte sie in der Regel nicht, weil *„ich sehr specielle Fragen behandle."*[18]

Hier, im wissenschaftlichen Bezugsrahmen, wo sie festen Boden unter den Füßen hatte, konnte sie jene pädagogische Fähigkeit entwickeln, die ihr bei der Erziehung der Tochter abging, wo es um lebenspraktische Dinge und gesunden Menschenverstand ging, die nie Kowalewskajas starke Seiten waren.

1884 erfolgte ihre Ernennung zur „Professorin der höheren Analysis" auf fünf Jahre, nach deren Ablauf 1889 auf Lebenszeit — was wunder nach dem Erfolg des Prix Bordin im Jahr zuvor! Sie war damit die weltweit erste Mathematikerin im Professorenrang. Anfangs verdiente sie 4000 Kronen, später 6000 Kronen jährlich.[19]

Die Bilder aus dieser Zeit belegen, daß der „kleine Spatz" eine Frau geworden ist. Ihr wohl schönstes Porträt, das aus dem 16. Band der Acta Mathematica (von 1892/93), der Mittag-Lefflers Nachruf auf sie enthält, zeigt eine nicht eigentlich schöne, aber ausgesprochen anziehende Frau, deren mäßig gerundetes Gesicht seine Mädchenhaftigkeit bewahrt hat. Die hinter den Ohren gewellt herabfallenden Haare, das verhaltene Lächeln um den Mund und die großen strahlenden Augen, denen, nach Mittag-Leffler, niemand widerstehen konnte[20] — all das bildet ein ungemein sympathisches Ganzes. Gekleidet in das dezente Schwarz-Weiß eines hochgeschlossenen Kleides, gibt sie das Bild einer klugen, kultivierten, lebhaften und humorvollen Frau ab, und man kann die Faszination nachvollziehen, die sie im persönlichen Kontakt auszuüben vermochte.

1885 übernahm sie auch noch, nach Krankheit und Tod Prof. Hjalmar Holmgrens, den Lehrstuhl für Mechanik — was manchen Kritikern schon zuviel der weiblichen Ehren schien. Als Mittag-Leffler sie noch im gleichen Jahr in die Akademie wählen lassen wollte, glaubte sie, ihn bremsen zu müssen:

„Ich fürchte, es wird zuviele Leute in Schweden auf die Palme bringen und zuviel Neid und Mißgunst erregen. Strindberg hat ja schon gesagt, daß ich protegiert worden sei, nur weil ich eine Frau war. So

weit gehen natürlich vernünftige Menschen nicht, aber es wird sehr
unerfreulich sein, wenn andere es nachkauen, und ich fürchte, daß,
wenn wir jetzt triumphieren, es uns in späteren Jahren teuer zu stehen
kommt."[21]

1886 hatte sie den Vorsitz der Sektion Mathematik beim Kongreß
der Naturwissenschaftler in Christiania (heute Oslo) inne.

Man sieht, die Stockholmer Stellung war das richtige Katapult für
einen raschen akademischen Aufstieg. Aber Kowalewskaja wäre nicht
Kowalewskaja gewesen, wenn sie sich nicht auch in einen wahren Stru-
del gesellschaftlicher Aktivitäten gestürzt hätte — um ihrer immer la-
tenten Einsamkeit Herr zu werden. Sie war unter anderem Mitglied in
Ellen Keys literarischer Gesellschaft „Nya Idun", einer rein weiblichen
Institution, aber auch in dem gemischtgeschlechtlichen „Heimdall", in
der freidenkerischen „Gesellschaft der 13" und im Stockholmer Journa-
listenclub!

Sie befreundete sich mit der großen Ellen Key, die einmal das
„Jahrhundert des Kindes" ausrufen würde und die unermüdlich für die
Gleichberechtigung der Frau eintrat: nicht indem die Frauen sich männlicher Eigenarten bedienten, sondern indem die Geschlechter einander
harmonisch ergänzten.[22] Von dogmatischen Frauenrechtlerinnen, die
neue Ge- und Verbote für Frauen errichteten und damit neue Zwänge
schufen, hielten beide nichts.

Man darf nicht vergessen, daß diese lebhafte Russin ein unter-
schwelliges, manchmal auch eingestandenes Harmoniebedürfnis hatte;
erinnern wir uns nochmals daran, daß ihr an Dauerkonfrontationen à la
George Sand nicht gelegen war. Sie glaubte ja, gerade durch ihre wissenschaftlichen Erfolge die Emanzipation der Frau fördern zu können.

Sonja kannte auch die schwedische Frauenrechtlerin Friederike
Bremer, die Literatin Amélie Wickström, den Astronomen Hugo Gyl-
dén, der nach ihrem Tode ihre Tochter bei sich aufnehmen würde, des-
sen Frau, eine Enkelin von Goethes Freund Knebel, Geologen, Zoologen,
Mediziner, den norwegischen Literarhistoriker Georg Brandes und —
Henrik Ibsen, den Polarforscher Baron Adolf Nordenskiöld, die Schrift-
stellerin Victoria Benediktsen, den Sozialisten Karl Hjalmar Branting,
Julia Kjellberg (die spätere Frau Georg Vollmars), den norwegischen
Literaten Jonas Lie und Edvard Grieg.[23] — Eine stattliche, keineswegs
vollständige Liste!

Fridtjof Nansen, unterwegs zu einer Grönlandexpedition, verliebte
sich in sie. Seit 1885 hatte er sie kennenlernen wollen, seit der dänische
Dichter Hermann Bang in einer Beschreibung von Anne-Charlottes Sa-
longesellschaft folgendes geschrieben hatte: „Besonders interessant ist

Frau Kovalevsky. Sie ist Mathematikprofessorin, doch bei aller Algebra ist sie noch eine wirkliche Dame. Sie lacht wie ein Kind, lächelt wie eine reife und weise Frau, und sie beherrscht jene magische Kunst, ihre Gedanken zunächst teilweise zu enthüllen, um dann still zu bleiben — und mit diesem Stillesein alles zu sagen. Auf ihrem Gesicht wechseln Licht und Schatten derartig schnell, daß es entweder errötet oder erbleicht; ich bin niemals zuvor auf etwas Ähnliches gestoßen. Sie führt die Unterhaltung auf französisch, frei und mit schnellen Gesten. Dies könnte ermüdend wirken, wenn es nicht so charmant wäre; mit alledem ähnelt sich einer jungen Katze."[24]

Als sie sich begegneten, erzählte Nansen Sonja aus seinem aufregenden Leben, von seinen nicht minder aufregenden Plänen, von den Geistern Grönlands. Aber die gegenseitige Faszination führte nicht zu dem Verhältnis, das beide wohl gerne gesehen hätten. Im Januar 1888 schrieb Sonja an Anne-Charlotte:

„Was ist da zu machen? So ist das Leben, man hat niemals, was man will und was man wünscht. Alles andere, aber gerade das nicht. Irgend ein anderer Mensch wird das Glück finden, welches ich ersehnt habe und an das er niemals gedacht hat. Es muß bei l e g r a n d f e s t i n d e l a v i e schlecht mit der Bedienung bestellt sein, da alle Gäste durch Unachtsamkeit Portionen zu erhalten scheinen, welche für andere bestimmt waren. In jedem Fall hat N. die Portion erhalten, welche er sich gewünscht hat. Er ist so begeistert für seine Grönlandreise, daß keine Geliebte sich in seinen Augen damit messen könnte. Du mußt daher von deinem geistreichen Vorsatz, ihm zu schreiben, abstehen, denn ich fürchte, daß ihn selbst das nicht von seiner Reise zu den Geistern der großen toten Männer, welche nach einer Sage der Lappen über den grönländischen Eisfeldern schweben, abhalten könnte."

Die Faszination aber blieb. Im nächsten Brief heißt es:

„Ich stehe augenblicklich unter dem Eindruck der fesselndsten Lektüre, die ich je gehabt. Ich erhielt nämlich heute von N. einen kleinen Aufsatz mit einem Exposé seiner geplanten Wanderung durch die Eisfelder Grönlands. Ich war ganz niedergeschlagen, als ich ihn las. Jetzt hat er auch ein Anerbieten von 5000 Kronen von einem dänischen Großhändler ... für diese Reise erhalten, sodaß ich annehme, keine Macht auf Erden könnte ihn davon zurückhalten. Der Aufsatz ist übrigens so interessant und so gut geschrieben, daß ich dir denselben schicken will, sobald ich deine Adresse kenne (natürlich gegen das Versprechen, ihn sofort zurückzusenden). Wenn man diesen kleinen Aufsatz gelesen hat, kann man sich eine annähernde Vorstellung von diesem Manne machen. Heute sprach ich auch mit B. (Bang? —

Vf.) *über ihn. B. behauptet, daß er viel zu gut dafür sei, sein Leben in Grönland zu riskieren.*"[25]

Aber dann trat Maxim Kowalewskij in ihr Leben, wovon wir weiter unten noch hören werden, und die Gestalt Nansens wurde zweitrangig. Dessen späterer Kommentar lautete, relativ lakonisch: „Ja, kein Zweifel, ich wurde von ihr angezogen, und ich glaube, das Gefühl war gegenseitig. Aber ich konnte mein Wort nicht brechen, und so kehrte ich zu der Frau zurück, der ich die Ehe versprochen hatte. Ich bedaure es auch nicht mehr."[26]

1887 lud der Lorín-Fond, der sozialwissenschaftliche Forschungen unterstützte, den russischen Soziologen und persönlichen Bekannten von Marx und Engels, Maxim Maximowitsch Kowalewskij, zu einem Vortrag in Stockholm ein. Er war ein sehr entfernter Verwandter von Sonjas verstorbenem Mann. Die Einladung war ihre Idee gewesen. Er sollte ihr gegen Ende ihres Lebens zum Schicksal werden. Wir werden ihm also wiederbegegnen.

In allen möglichen Runden war Kowalewskaja gern gesehener Unterhaltungsgast: geistreich, streitbar, mit der Fähigkeit zum Zuhören. Ellen Key hat sie einen „Michel-Angelo des Gesprächs"[27] genannt. Ihre Bekanntschaften reichten bis hinauf zum Hof; ihres guten Verhältnisses zu dem mäzenatischen schwedischen König Oskar II. rühmte sie sich etwas naiv.[28] Oskar II. setzte 1889 einen Preis für Mathematik aus, den die Franzosen Poincaré und Appell gewannen.

Die tiefste Freundschaft in Stockholm verband Kowalewskaja zweifellos mit Mittag-Lefflers Schwester, Anne-Charlotte Leffler-Edgren, später verheiratete Herzogin von Cajanello.[29] Sie hatte Sonja gleich von Anfang an unter ihre Fittiche genommen, und der Kontrast der kleinen lebhaften Russin und der großen kühlen Schwedin machte in jedem Salon, in jedem Gesprächszirkel Aufsehen. Anne-Charlotte war Schriftstellerin und leistete sowohl mit den Themen ihrer Werke als auch mit ihrer geistig-gesellschaftlichen Unabhängigkeit die gleiche Arbeit für die Frauenbewegung, die Sonja diesbezüglich mit ihrer Mathematik bezweckte.

Frau Leffler brachte Kowalewskaja zum Reiten und Schlittschuhlaufen — mit sehr mäßigem Erfolg, was Sonja nicht hinderte, auf ihre diesbezüglichen Fortschritte sehr stolz zu sein. 1886 reisten beide im Sommer nach Delacarlia in Zentralschweden, um eine „Bauernuniversität" aufzusuchen, genauer gesagt eine „Heimvolkshochschule" in der Tradition von N.F.S. Grundtvig (1783–1872). Der Besuch zeigt Sonjas waches Interesse für alles, was irgendwie neu oder fortschrittlich war, ihre soziale Aufgeschlossenheit. Der Aufsatz über diesen Besuch ist etwas hölzern geraten, immerhin ist er ein instruktiver Bericht früher reformpädagogischer Bestrebungen, die sich in Deutschland erst im ersten Drittel des 20. Jahrhunderts manifestierten.

Rektor Holberg erläutert:

„Die Bauern-Universität erteilt weder Diplome noch Rechte, sie bietet ihren Schülern keinen unmittelbaren Vorteil. Andererseits fordert man, obgleich das Studium an den Gymnasien mit ihrem achtjährigen Unterricht in den todten Sprachen unentgeltlich ist, an den Bauern-Universitäten von den Schülern, die kein Armutszeugniss vorlegen, einen relativ hohen Betrag — 50 Kronen im Jahr. Und nichtsdestoweniger giebt es keine einzige von diesen 25 Schulen in Schweden, welcher die Schüler nicht, oft von sehr entfernten Ortschaften zuströmen würden. Nicht nur die vermögenden Bauern, sondern selbst die armen Farmer und Schindelbauern schicken oft auch ihre Söhne dahin. So mancher arme Teufel sammelt im Laufe vieler Jahre Kupfergroschen, die er sich nicht nur an den Vergnügungen, sondern auch an wichtigern Dingen abspart, um die Möglichkeit zu haben, einen oder zwei Winter in der höheren Schule zu verweilen. Wenn er später in sein Dorf zurückkehrt, gedenkt er im Laufe seines übrigen Lebens mit rührender Begeisterung und Ehrfurcht der Jahre des Lernens, wie der glücklichen Zeiten seines Daseins. Gewöhnlich bleibt er im Briefwechsel mit dem Rector und hält es für seine heilige Pflicht, ihm von allen wichtigsten Ereignissen seines Lebens Mitteilungen zu machen: Vom Tode der Eltern, von seiner Verehelichung, von der Geburt des ersten Kindes u.s.w. Ich kann Ihnen einen ganzen Stoss solcher Briefe zeigen, in welchen die Schüler, viele Jahre nach dem Verlassen der Schule, sich an mich um Rat in den intimsten Fragen ihres Lebens wenden. An jeder unserer höheren Schulen giebt es ein jährliches Fest, zu welchem alle ehemaligen Schüler kommen, denen dies nur irgendwie möglich ist, und diese Feste machen in einem gewissen Sinne die Erhaltung des Bandes zwischen den früheren Schülern und der Schule möglich. Die begeisterten Erzählungen jedes Heimkehrenden erwecken auch in den andern jungen Leuten seines Umkreises den Wunsch, zu studiren.“

Kowalewskaja fährt fort:

„In Norwegen und Dänemark sind die meisten Bauernschulen für Männer und Frauen gemeinschaftlich. In Schweden giebt es jedoch überall zwei Curse: einen Wintercurs für Männer und einen Sommercurs für Frauen. Und bemerkenswert ist es, dass ein junger Mann oder ein junges Mädchen, die selbst eine solche Schule besuchten, ungern mit denen eine Ehe eingehen, die nicht dieselbe Bildung besitzen. Es kommt vor, dass ein „studirter Bursch“ sich eine Braut herausspäht, aber ehe die Hochzeit stattfindet, fordert er, dass sie an der Bauern-Universität

studire und im Hinblick darauf wird die Hochzeit auf ein oder zwei Jahre verschoben. Manchmal geht das soeben getraute Pärchen zusammen an eine der gemeinschaftlichen Schulen.

Es ist auch begreiflich, dass die nach Hause kommenden Schüler viele neue, bis dahin auf dem Lande unbekannte Bedürfnisse und Geschmacksrichtungen mitbringen. Fast sicher kann man voraussagen, dass nach Eröffnung einer höheren Bauernschule an irgend einem Ort bald darauf einige öffentliche Bibliotheken entstehen, ein „Gesangverein" gegründet wird, eine Zeitung zu erscheinen beginnt. Dagegen vermindert sich die Zahl der Schenken und Wirtshäuser. Auf diese Weise ist der culturelle Einfluss jeder höheren Schule auf die ganze Umgebung der Ortschaft sehr gross."[30]

Obwohl sie sich als schreibfaul bezeichnete, korrespondierte sie mit Gott und der Welt, hauptsächlich natürlich mit Mathematikern: Hermite[31], Seliwanow, Wasiliew, Tschebyschew, Carl Runge, Georg Cantor[32], Leopold Kronecker[33], aber auch mit dem Hobbyphysiker Gustav Hansemann, dem Sohn des liberaldemokratischen deutschen Politikers David Hansemann, eines der preußischen „Märzminister" 1848.[34]

Thema war zumeist der Stand der naturwissenschaftlichen Erkenntnis und die neuen Entwicklungen in ihr, bis hin zu diffizilen mathematischen Spezialfragen. Es ging aber auch um den wechselseitigen Austausch der werten Befindlichkeiten, um das Eislaufen, diverse Erkrankungen und wer wann über wen etwas Unschönes gesagt hatte. Anscheinend hat sie nur mit Darboux und Hermite gründlicher über Fragen der Frauenbildung korrespondiert. Es lohnt sich, einen Augenblick den Briefen Hermites aus dem Jahre 1884 zu folgen.

„Sie kennen wahrscheinlich die große Bewegung, die seit einigen Jahren in Frankreich für die wissenschaftliche Bildung von Mädchen im Gange ist. In Auteuil ist eine wirkliche Ecole normale gegründet worden, und das Unterrichtsministerium hat für die Mathematik M. Darboux und M. Tannery dorthin berufen. Die Schülerinnen ... haben sich im letzten Juli für die Prüfungen einer Kommission gestellt, in der auch M. Appell saß, und ich habe nicht ohne Überraschung erfahren, daß man sehr beeindruckt war von dem Umfang des Wissens und vor allem dessen geschickter Darbietung ... eines großen Teils der jungen Leute, von denen man nicht annahm, daß sie für die mathematischen Wissenschaften so begabt waren. Es werden also andere Hände als die von Gelehrten und Geometrikern Ihren Entdeckungen auf dem hohen und schwierigen Gebiete der Analysis applaudieren, und Ihr Erfolg wird eine Ermutigung für die jungen Schülerinnen von M. Darboux und M. Tannery sein, die Ihnen ihre Sympathie und ihr Wohlwollen bezeugen werden."

Prompt beschloß Kowalewskaja, diese Schule zu besuchen, und Hermite schrieb: „Es wird mir eine große Freude sein, ihn (Darboux; Vf.) von Ihrer wohlwollenden Absicht in Kenntnis zu setzen, einige seiner Schülerinnen kennenzulernen, ... Welch ausgezeichnete Sache, wenn in einer Zeit, da die allgemeinen Lebensbedingungen für jedermann schwieriger, für so viele Frauen aber trostlos werden, sich ein neues, sicheres und ehrenhaftes Leben in der Bildungskarriere für junge Leute eröffnet, die dazu berufen sind!

Sie wissen besser als ich, Madame, daß man die Öffentlichkeit für diese Sache gewinnen muß, sie wird die Unterstützung durch die öffentliche Hand in Frankreich nur bei dem Beweis eines vollen Erfolges gutheißen; der platte Menschenverstand à la Molière regiert noch immer in den Köpfen einer wenig gebildeten und wenig taktvollen Öffentlichkeit, die jene Stelle in einem bekannten Drama mit ihrem Applaus bedenkt, wo es heißt, daß der Mensch von Suppe lebt und nicht von schönen Reden. Sie, Madame, haben mehr zu diesem (unserem) Siege beigetragen als M-elle Sophie Germaine, sowohl durch die Überlegenheit Ihres Talentes als auch, weil Sie zum rechten Zeitpunkt erschienen sind."

Zweieinhalb Wochen später hatte der Pessimismus Hermite eingeholt: „Die jungen Mädchen arbeiten mit Feuereifer, das Institut wird perfekt geleitet, wie Sie sich selbst überzeugen können, Madame, wenn Sie es mit Ihrem Besuch beehren; Sie werden (dann aber) auch die Traurigkeit teilen, die einen überkommt, wenn man an die Zukunft der jungen Mädchen denkt nach Verlassen der Schule. Diese Zukunft, von der ich dachte, sie sei von den Gründern der Ecole normale vorausschauend abgesichert worden, ist unglücklicherweise extrem unsicher. Einige Stellen wird man ihnen ohne Zweifel geben, etwa als Lehrer an den Höheren Mädchenschulen, die man in der Provinz gründet, aber wieviele Schwierigkeiten erwarten diese Bevorzugten! Eine freie Stelle kann in einer Stadt sein, die weit entfernt von der Familie ist, welche ein junges Mädchen möglichst nicht verlassen sollte, und so werden für den größten Teil die Hoffnungen, die man in ihnen nährt, nur zu bitterer Enttäuschung führen. M. Darboux und M. Tannery nehmen sich deshalb nicht weniger und durchaus mit Hingabe ihrer Schülerinnen an, bis zu dem Zeitpunkt, wo ein Gesetz über Ämterhäufung, von dem demnächst alle öffentlichen Angestellten bedroht sind, sie zwingen wird, um ihre Entlassung nachzusuchen. Als ich den Erzählungen von M. Darboux zuhörte, dachte ich an einen jener Barden aus den Romanen Walter Scotts, der ein Harfenvorspiel zu einem freudigen Gesang, um den man ihn bat, beginnt, dessen Akkorde sich aber gegen seinen Willen in klagende Töne verwandeln."[35]

Auch die Korrespondenz mit Weierstraß floß nun regelmäßig. Umgekehrt beriet dieser sie mathematisch und menschlich und gab nicht zuletzt immer wieder einmal Menschlich-Allzumenschliches aus der Reichshauptstadt zum besten: „Ich hatte dem Abschreiber, weil die Arbeit so sehr gut ausgefallen war, 10 M[ar]k. mehr bewilligt, als er sonst zu bekommen pflegte. Dafür hat er sich dann eine ganze Woche hindurch in Branntwein berauscht und ist dem Delirium tremens verfallen, so daß ich ihm das Heft über Funktionentheorie, das er ebenfalls abschreiben sollte, wieder habe abnehmen lassen müssen."[36]

Kowalewskaja half via Post auch, Weierstraß' von der Zunft groß gefeierten 70. Geburtstag vorzubereiten, und der Tatsache, daß sie selber nicht anwesend sein konnte, verdanken wir eine hübsche Beschreibung der Festivitäten, die der also Gefeierte für sie notierte:

„Fuchs hielt eine wohlgesetzte Rede von den ängstlichen Blicken seiner Frau bewacht — denn auch eine weibliche Corona fehlt nicht. Dann kommen noch der Rektor der Universität, der Dekan und der Vizekanzler des Ordens Pour le mérite; damit war der programmäßig festgesetzte Akt zu Ende und es kam nun ‚der große Haufen' der Gratulanten.

Die Büste wirst Du im Gipsabzug erhalten haben. Ich bin neugierig auf Dein Urteil darüber; meinen Schwestern gefällt sie nicht übermäßig. Von der Medaille wird Dir und Mittag-Leffler eine Kopie in vergoldeter Bronze zugesandt werden. Das Album für die Photographien (über 500 Stück) ist ein Prachtwerk, das allgemeinen Beifall findet.

Den Herausgebern der Acta habe ich für ihr sinniges Geschenk meinen ganz besonderen Dank abzustatten. Das Lichtbild ist wohl gelungen und der Einband äußerst geschmackvoll. Nur die Dedikation sagt viel zu viel und wird ebenso wie die Inschrift der Médaille glossiert — nicht gerade im wohlwollenden Sinne.

Abends war das unerläßliche Diner — "[37]

Je länger, desto mehr langweilte sich Sonja in Schweden. Gewöhnt an das großstädtische Fluidum von Petersburg, Berlin oder Paris, kam ihr Stockholm allmählich provinziell vor.[38] „Nach kurzer Zeit glaubte sie alle Menschen auswendig zu kennen und verlangte nach einem neuen Stimulans für ihren Geist."[39] Obwohl sie noch 1890 erklärte: „*Stockholm ist eine wunderschöne Stadt mit ziemlich gutem Klima*"[40], steigerte sich ihre Abneigung: „*Der Weg von Stockholm nach Malmö* (von hier fuhren die Schiffe nach Europa; Vf.) *ist der schönste, den ich gesehen habe; aber der von Malmö nach Stockholm ist der häßlichste und ermüdendste, den ich je gekannt*"[41] — was natürlich sehr ungerecht war, und sie wußte das.

„Darum fühle ich mich, wenn ich nach Rußland zurückkehre, wie aus einem Gefängnis entlassen, in dem meine Gedanken gefesselt waren. Du glaubst nicht, wie quälend es ist, dazu gezwungen zu sein, mit lieben Freunden in einer Fremdsprache reden zu müssen. Genausogut kannst den ganzen Tag mit einer Maske vor dem Gesicht herumlaufen."[42]

Rußland, Deutschland, Frankreich, Schweden — im Grunde hat Kowalewskaja vier Vaterländer gehabt, und es bleibt tragisch, daß Rußland, dem sie emotional natürlich am allermeisten anhing, sie nicht haben wollte. Sie war verurteilt zu einem Wanderleben, zu einem Pendlerdasein — zu genau dem, was sie nicht leben konnte, wenn ihr Mann Wladimir mit der oben zitierten Einschätzung an seinen Bruder Alexander recht hatte! Auch dies ist tragisch, weil gerade sie das Schicksal der nomadisierenden Entwurzelung am allerwenigsten ertragen konnte.

Zwischendurch plante sie, die russische Staatsbürgerschaft gegen die schwedische einzutauschen. Rußland lehnte ab: „Frau Sofia Kowalewskij ist der Stolz Rußlands, und dementsprechend kann die russische Regierung nicht darein willigen, sie zu verlieren"[43], erklärte das Ministerium in Petersburg scheinheilig. Dabei war es noch Jahre nach ihrem Tod per geheimem Dekret verboten, ihren Namen in der Presse zu nennen, da sie eine gefährliche Nihilistin gewesen sei.[44]

Aus der von ihr als Enge empfundenen Atmosphäre Stockholms halfen ihr die Reisen, die sich gerade in diesen Jahren häuften.

Nach der Rückkehr konnte sie dann ausrufen:

„Ich fühle mich nach jeder neuen Trennung älter und älter werden. Armer, ewiger Jude, der ich bin! Und man behauptet noch, daß die Mathematik Ruhe und Beständigkeit erfordert."[45]

Aber wann immer sie eben konnte, reiste sie kreuz und quer durch Europa: April 1884 nach Petersburg, im Sommer 1885 nach Berlin, dann nach Paris. Offenkundig hatte sie in der deutschen Hauptstadt ein romantisches Verhältnis zu einem dortigen Mathematiker, den sie *Herrn X* oder *Herrn H — a* nannte, vielleicht „Guido Hauck", wie Kennedy[46] vermutet.

In Berlin war sie Mittelpunkt großer Gesellschaften und hielt, auch unter den Bedingungen des Sozialistengesetzes, das die Parteimitglieder zu Parias der Gesellschaft machte, Gesprächs- und Briefkontakte mit deutschen Sozialdemokraten.[47] Die Frau, die zu offener Rebellion nie fähig war, zeigte bei Gelegenheit eine diebische Freude an trotziger Aufsässigkeit.

Im Juni 1886 ging sie nach Paris zu Marie Mendelson. Hier schon sprach sie mit Joseph Bertrand über ihre mögliche Bewerbung um den

Prix Bordin, dessen Thematik sie seit 1881 beschäftigte, die sie aber zugunsten der Forschungen über die Lichtbrechung in kristallinischen Medien zurückgestellt hatte. Im gleichen Sommer besuchte sie Anjuta, der es nicht gut ging, in Rußland, wo sich die Jaclards mittlerweile niedergelassen hatten.

Ende August war sie wieder in Stockholm. Sie hatte Tochter Fufu mitgebracht, um sie nun in eigene Obhut zu nehmen. Erneut aber wurde ihr mangelhaftes pädagogisches Einfühlungsvermögen deutlich, wie ein Ausschnitt aus einem Brief an das Kind beweist:

„Ich danke Dir für Deinen kleinen Brief, obwohl er sehr kurz war und nicht sehr sorgfältig geschrieben ... Schreibe mir in allen Einzelheiten, wie Du so Deinen Tag verbringst. Und schreib' nicht mit so großen Abständen zwischen den Zeilen, dann kannst Du in Deinem Brief auch mehr unterbringen!"[48]

Im späten Frühjahr 1887 fuhr sie erneut in die Heimat, alarmiert durch die Nachrichten vom schlechten Gesundheitszustand der Schwester. Doch zu allem Überfluß wurden die Jaclards von der russischen Regierung ausgewiesen, da diese, teilweise zu Recht, Victor in Zusammenhang mit einem Anschlag auf Zar Alexander III. brachte.

Die Schwester blieb sich in ihrer revolutionären Unruhe all die Jahre hin treu. Sonja war den unsäglichen Zuständen des neoreaktionären Rußland mittlerweile weit entrückt. Sie blieb die „sozialistische Philanthropin" ihrer Jugend. Der Weg der Narodnaja Wolja als „politisch-terroristische(r) Kampforganisation"[49] stellte sich ihr als Problem nicht mehr. — Nach dem auf den Attentatsversuch folgenden Prozeß wurde übrigens der ältere Bruder Lenins, Alexander I. Uljanow, hingerichtet.

Nach mehreren Krebsoperationen starb Anjuta einen qualvollen Tod in Paris im September 1887. *„Mit dem Tod meiner Schwester ist der letzte Zugang zu meiner Kindheit zerstört."*[50] Nun reifte in ihr der Plan, eben dieser Kindheit ein literarisches Denkmal zu setzen.

In Maxim Kowalewskijs Villa zu Beaulieu an der französischen Riviera begann sie, zunächst mündlich, mit den zu Recht so gerühmten *Jugenderinnerungen*. Sie erschienen zu Weihnachten 1889 im Druck unter dem Titel *Ur ryska lifvet. Systrarna Rajevski*. Hier hatte die Verfasserin noch nicht in der ersten Person, sondern unter der Fiktion gewisser „Geschwister Rajevski" geschrieben. Das änderte sie später: 1890 nahm sich der russische „Westnik Europij" des Werkes als Fortsetzungsserie an. 1894 erschien es französisch in der „Revue de Paris", 1895 englisch in New York[51], 1896 deutsch.

Erst durch den Wandel von der Er- zur Ich-Erzählung erreicht der Text jenes schwebende Timbre leicht stilisierter Unmittelbarkeit, das seinen Zauber ausmacht und ihn in den Rang eines literarischen Meisterwerkes erhebt.

1887 begann sie mit der Erzählung *Die Nihilistin,* die sie bis zu ihrem Tode beschäftigte und an die Ellen Key letzte Hand legte. Sie erschien erst 1892 auf schwedisch und russisch — von Maxim Kowalewskij in Genf ediert. In Rußland war das verdächtige Werk natürlich zunächst verboten, wurde aber 1906 bis 1915, d.h. in jener kurzen liberaleren Phase nach der Revolution von 1905, von der Zensur freigegeben. Gedruckt wurde eine russische Ausgabe erst 1928.

Die Erzählung hat nicht die poetische Kraft der *Jugenderinnerungen,* obwohl einzelne Stellen sehr schön sind und auch die autobiographischen Bezüge auf Kowalewskaja selbst für den Forscher sehr nützlich sind — wir haben schon verschiedentlich darauf hingewiesen. Zu ihrer eigenen Vita hat Sonja übrigens auch die Biographie Tschernyschewskijs und die einer Wera Sergejewna Gontscharowa verarbeitet. Man merkt dem abrupten Schluß den fragmentarischen Charakter des Ganzen an. Überdies ist die doppelte Ich-Perspektive — einmal der ungenannten Erzählerin des Anfangs (Sofia selbst?), dann der Vera Baranzow — kein genialer Einfall der Autorin.[52]

Allenfalls ein halber Erfolg war auch dem Doppeldrama *Der Kampf ums Glück* beschieden, das sie zusammen mit Anne-Charlotte Leffler verfaßte. Und gerade dieses Drama hatten die Freundinnen mit einem wahren Feuereifer angepackt, konnten sie doch nun endlich etwas Gemeinsames schaffen! Ellen Key hat beider unterschiedliche Betrachtungsweisen so charakterisiert:

„Wenn sie (Anne-Charlotte; Vf.) eine Lebensgeschichte erzählte, erhielt man immer das wirklich Charakteristische in klarer und bestimmter Form; sie löste den Marmorblock sozusagen los und führte ihn in seinem natürlichen Zustand vor. Wenn Sonja sich desselben Materials bemächtigte, stürzte sie sich, ein Michel-Angelo des Gesprächs, mit heftiger Energie darauf, und bald sah man die Konturen einer Gestalt, wo man früher bloß einen Stoff gesehen.

Es war immer so, wie Anne-Charlotte Leffler erzählte. Es hätte so sein k ö n n e n, wie Sonja das Erzählte auffaßte — und es wäre dann interessanter gewesen!"[53]

So ergänzten sich beide eigentlich ideal: die agnostizistisch und evolutionistisch denkende Anne-Charlotte mit ihrer an Spencer geschulten individualistisch-altruistischen Ethik[54] und die träumerisch-eruptive Sonja[55] mit ihrer merkwürdigen Mischung aus naturwissenschaftlicher Fortschrittsgläubigkeit und Rudimenten formal exerzierter Religiosität.[56]

Über die Entstehungsweise des Dramas sind wir gut unterrichtet, einmal von Frau Leffler[57], zum anderen durch einen Brief Kowalewskajas an ihre Kusine in Stuttgart vom 11. Dezember 1887:

> *„Du wirst Dich wohl sehr verwundern, wenn ich Dir erzähle, daß ich in den Ferien, und um von der Mathematik auszuruhen, mich auch mit Schriftstellerei beschäftige. Im letzten Jahre sogar sehr eifrig, da ich mich hier mit Mme. Edgren, welche augenblicklich für die beste Schriftstellerin Schwedens gilt, sehr befreundet habe. Dieser Tage wird ein Drama erscheinen, welches von uns beiden geschrieben worden ist; d.h. den Stoff habe ich erfunden, den Gang der Handlung und die Aufeinanderfolge der Szenen haben wir zusammen ausgedacht, und in schwedischer Sprache hat sie es geschrieben. Übrigens drücke ich mich unrichtig aus, wenn ich sage: „ein Drama", denn eben das ist das Originellste an unserem Machwerk, daß es eigentlich nicht ein Drama ist, sondern zwei Parallel-Dramen … Die handelnden Personen sind in beiden Stücken dieselben, und beide haben ein und denselben Prolog. Das erste Drama stellt das vor, was sich wirklich zugetragen hat, das zweite das, was hätte geschehen können … Hier wird es unter dem Pseudonym Korvin-Leffler … erscheinen."[58]*

Anne-Charlotte vermutete, die Idee zu dem Doppelcharakter des Stücks sei Sonja in den langen Wachen an Anjutas Krankenbett gekommen, als ihr klargeworden sei, „wie wenig das Leben ihnen von dem, was ihrer Phantasie vorgeschwebt, beschert hatte."[59] Sonja verband diese Träumerei mit einer merkwürdigen naturwissenschaftlichen Begründung für unterschiedliche Lebensläufe, die es ihr gerechtfertigt erscheinen ließ, Utopien als gar nicht abwegig erscheinen zu lassen.

> *„Oder ein anderes Beispiel aus der Mechanik: Man denke an ein gewöhnliches Pendel oder an eine kleine, schwere Kugel, die an einem feinen beweglichen Faden an einem Nagel hängt. Giebt man der Kugel einen kleinen Stoß, so fliegt sie ebenso weit nach rechts wie nach links, beschreibt einen gewissen Kreis, erreicht eine gewisse Höhe, fällt zurück, bleibt aber nicht auf dem ursprünglichen Punkte, sondern fliegt entgegengesetzt ungefähr ebenso hoch, fällt dann wieder herunter und fährt eine gewisse Zeit fort, hin und her zu schweben. Wenn mein erster Stoß etwas stärker gewesen, wäre die Kugel höher geflogen, und alles wäre in derselben Art weitergegangen. Wenn aber mein erster Stoß so stark gewesen wäre, daß die Kugel über den höchsten Punkt, den der Faden zuläßt, hinausgeschnellt worden wäre, könnte sie nicht mehr wie vorher zurückfallen, sondern ihren Weg auf der anderen Seite der Peripherie fortsetzen, und die Bewegung würde dadurch vollkommen ihre Natur verändern. Zwei Stöße, welche ziemlich gleich sind, da einer nur*

etwas stärker als der andere, können so zwei ganz verschiedene Resultate geben.

In der Mechanik ist man gewohnt, gerade solche kritischen oder Grenz-Momente zu studieren, und es zeigt sich, daß es, um sich eine klare Vorstellung von einem Phänomen zu machen, von Wichtigkeit ist, es in der Nähe einer solchen Grenzstellung zu untersuchen. Die Verfasserinnen des Stückes haben sich gedacht, daß es von Interesse sein könnte, die Wirkung eines solchen Moments auf zwei Menschen zu schildern, die sich sehr ähnlich, aber nicht vollkommen identisch sind."[60]

Kurz gesagt, geht es in dem Doppeldrama um folgendes: „In dem ersten werden alle unglücklich, da man einander im Leben gewöhnlich am Glück hindert, anstatt dazu beizutragen. In dem zweiten werden dieselben Menschen geschildert, aber sie helfen einander, leben für einander, bilden eine kleine kommunistische Idealgemeinschaft und werden glücklich."[61]

Da ist er wieder, der utopische Sozialismus Fouriers aus den Petersburger Anfangsjahren, und Cabets „Reise nach Ikarien" läßt grüßen. Neben der mechanistischen Anlage der Figuren ist es wohl dieser blauäugige Idealismus, der dem Werk geschadet hat.

Man muß aber wissen, daß Sonja zur Zeit dieses Dramas auf dem Höhepunkt ihrer salonkommunistischen Schwärmerei angekommen war. Während sie in großbürgerlichen Häusern ein- und ausging und stolz auf ihre Bekanntschaft mit dem König verwies, phantasierte sie vom „socialistischen Zukunftsstaat", vom geteilten Leid aller und vom Ende aller Eigensucht, von der Gleichheit der Erziehung und identischen Lebensgewohnheiten.[62] Übrigens teilte auch Anne-Charlotte Leffler diese Inkonsequenz. Sie heiratete 1890 Pasquale del Pezzo, Herzog von Cajanello, nachdem sie sich von ihrem ersten, bedauerlicherweise impotenten Ehemann mit viel Trara hatte scheiden lassen, und verbrachte den (kurzen) Rest ihrer Tage in einer Traumvilla in Neapel mit Blick aufs Meer.[63]

Diese Art von romantischem Sozialismus war literarisch vermittelt, ein Sozialismus sozusagen aus zweiter Hand. Es genügt, aus Tschernyschewskijs „Was tun?" eine kurze Passage zu zitieren, vor allem den pathetischen sogenannten „vierten Traum" der Heldin Wera Pawlowna, in dem eine strahlend schöne Jungfrau von ihren Zivilisationserfolgen berichtet.

„ ,Wie war es möglich, die Wüste in fruchtbares Land umzuwandeln?' — ,Das war freilich nicht in einem, auch nicht in zehn Jahren getan. Mit Maschinen von immenser Tragkraft wurde von Nordosten und von Westen her Lehm zugeführt, der die Aufgabe hatte, den lockeren Sand zu binden; man grub Kanäle, leitete Wasser hinein, und es entwickelte sich Pflanzenwuchs, die Luft erfüllte sich mit größerem Feuchtigkeitsgehalt. So ging man Schritt für Schritt vorwärts, und so schreitet man immer noch langsam weiter gegen Süden zu. Die Menschen sind eben vernünftiger geworden, als sie zu deiner Zeit waren; sie haben sich Kräfte und Mittel nutzbar gemacht, die sie früher unbenutzt ließen oder gar zu ihrem Schaden verwendeten.' "

Und so ist ein Land entstanden, „so fruchtbar wie jener Landstrich, von dem man im Altertum sagte, dort flössen Milch und Honig", und von den Menschen, unter denen übrigens die Frauen völlig gleichberechtigt mit den Männern sind, kann es folgerichtig heißen: „Wie strahlen sie vor Kraft und Gesundheit, wie sind sie kräftig und anmutig, wie energisch und ausdrucksvoll sind ihre Züge! Alle die glücklichen, schönen Männer und Frauen, die ein freies Leben der Arbeit und des Genusses führen — was sind sie für glückliche, glückliche Geschöpfe!"[64]

Drei Jahre nach dem *Kampf ums Glück* erschien Emile Zolas Roman „Das Geld". Auch hier gibt es noch das überkommene frühsozialistische Ideal vom „Reich der Gerechtigkeit und des Glücks", die Utopie von der endlich wieder bewohnbaren Erde. Aber der bezeichnenderweise zum Tode durch Schwindsucht verurteilte Sigismond Busch, der diese Visionen hat, ist in seinen letzten Wochen noch dem „Kapital" von Karl Marx begegnet.[65] In diesem Roman Zolas bricht schon das Zeitalter des sogenannten „wissenschaftlichen Sozialismus" an, der das nächste Jahrhundert dann entscheidend verändern würde. Kowalewskajas gesellschaftliche Ideologie hatte sich eigentlich schon zu ihren Lebzeiten überlebt.

Und im Grunde ist ihr „Sozialismus" auch gar keine politische Haltung, sondern Ausdrucksweise eines in politische Formen gegossenen individuellen Glücksverlangens, an dessen Erfüllung die bestehende Gesellschaftsordnung gerade die Frauen am nachdrücklichsten zu hindern schien.

Wenn Karl im *Kampf ums Glück* den für die Freiheit enthusiasmierten jungen Wladimir Kowaleskij als dichterische Gestalt beschwört, so ist die weibliche Hauptfigur, Alice, ein deutliches Konterfei Sonjas, gerade in ihrem kindlichen Glücksstreben.

„Ich bin ja so daran gewöhnt, daß alle anderen mehr geliebt werden als ich. Man sagte in der Schule, daß ich die Begabteste wäre — aber ich wußte immer, daß es eine Ironie des Schicksals war, mir so viele Gaben zu verleihen, nur damit ich um so mehr fühlen sollte, was ich für andere hätte sein k ö n n e n, während niemand etwas von mir verlangte. —

*Ich begehre nicht so viel — nur wenig — nur so viel, daß nicht
immer etwas anderes dazwischen steht und näher liegt — nur danach
habe ich mich mein Leben lang gesehnt — als Erste bei einem anderen
Menschen zu gelten. —*
     *Lasse mich dir nur einmal zeigen, was ich vermag, wenn jemand
mich wirklich liebt. ,Sieh' mich einmal an. Bin ich hübsch? Ja, wenn
man mich liebt, bin ich hübsch, — sonst nicht. Bin ich gut? Wenn
man mich lieb hat, bin ich die Güte selbst! Bin ich selbstlos? O ich
kann so selbstlos sein, daß jeder meiner Gedanken im andern aufgehen
kann.'* "[66]

Dieses „merkwürdige Schauspiel ..., das mit mathematischer Genauigkeit die Allmacht der Liebe beweist", wie ein Zeitgenosse meinte[67], errang beim ersten Vorlesen im Freundeskreis keinen rauschenden
Erfolg. Es begann eine Phase mühsamen Umarbeitens, der druckfertige
Abschluß wurde gar zur rechten Fron. Im Dezember 1887 erschien das
Drama im Druck. Die Presse lobte es, aber das Stockholmer Theater
lehnte ab, es zu spielen. Der zweite (utopische!) Teil wurde 1894 einmal
in Moskau als politisches Tendenzstück gegeben. Trotz gelegentlicher
Wiederbelebungsversuche in Rußland ist der Zweiteiler de facto aber
vergessen.[68] Überdies trug Sonjas Hang, Anne-Charlotte bei der Arbeit
zu dominieren, zu einer Distanzierung der Freundinnen bei.[69]
     Ellen Key hat interessante Bezüge hergestellt zwischen den fikti-
ven Frauengestalten Kowalewskajas und denen ihrer berühmten zeit-
genössischen Schriftstellerkollegen. Es wäre eine lohnende Aufgabe für
die slawistische Philologie, diesen Fingerzeigen nachzuspüren: der hin-
gebungsvollen, ehrlichen und unschuldigen Frau bei Turgenjew oder
der leidenden, die unzerstörbare Hoffnung verkörpernden Frau bei
Dostojewskij.[70]
     Wenn Gösta Mittag-Leffler zu seiner Schwester ging und die Au-
torinnen dort über einem „müßigen" Drama plaudern sah, Sonja mit
einer Stickerei beschäftigt, konnte er ausfällig werden.[71] Er fürchtete
um das große mathematische Projekt, das seine Professorin zeitgleich
in Angriff genommen hatte, ihr ehrgeizigstes und renommiertestes: die
Arbeit für den Prix Bordin über die Rotation eines festen Körpers
um einen festen Punkt — die „mathematische Nixe", wie das schwie-
rig zu fassende Problem in Fachkreisen geheimnisvoll hieß.[72] Aber er
konnte ganz beruhigt sein: An Sophie von Adelung hatte Kowalewskaja geschrieben, die Literatur sei *„selbstverständlich für mich nur ein
Ferienzeitvertreib; die Mathematik ist Hauptsache."*[73]

Auf dem Gipfel? —
Rund um den Prix Bordin (1888–1889)

Seit dem Sommer 1886 — wir berichteten — stand Sofia über Joseph Bertrand in Kontakt mit der Pariser Akademie der Wissenschaften, die ihre Forschungen zu dem erwähnten Rotationsproblem bedeutend fand. Bertrand war es auch, der die Ergebnisse für den großen Akademischen Preis von 1888 vorschlug, den sogenannten „Prix Bordin", der aus einer Goldmedaille im Wert von 3000 fr. bestand. Die Akademie setzte den Einsendeschluß auf den 1. Juni 1888 fest.

Seit 1887 arbeitete Kowalewskaja an ihrem Werk, das auch Mittag-Leffler für ganz wesentlich erachtete — für ihre eigene Position und den Ruf der Stockholmer Universität.[1] Sie war im Juni aber noch nicht fertig, erreichte allerdings von der Akademie die Erlaubnis, den Text „für den Zweck des Druckes zu überarbeiten".[2]

Es bleibe dahingestellt, was an der Verzögerung schuld war: ihre literarischen Produkte oder ihre neue Herzensangelegenheit, die sie mehr und mehr erfüllte: Sie hatte sich ernsthaft in Maxim Kowalewskij verliebt, den Moskauer Soziologen, der sich zeitweise in Schweden aufhielt. Als Anne-Charlotte ihr mitteilte, daß Sonjas letzte „Eroberung", Fridtjof Nansen, seit zwei Jahren verlobt war, antwortete sie fröhlich:

„Wenn ich Deinen Brief mit der unerfreulichen Nachricht einige Wochen zuvor erhalten hätte, hätte er mir ohne Zweifel das Herz gebrochen. Aber nun muß ich zu meiner Schande gestehen, daß, als ich gestern Deine zutiefst mitfühlenden Zeilen las, ich mich nicht enthalten konnte, in Lachen auszubrechen. ... Er (Maxim; Vf.) *ist so riesig, so g r o s s-g e s c h l a g e n* (im Original auf deutsch; Vf.) *..., daß er wirklich zuviel Raum einnimmt, auf dem Sofa und in den Gedanken. In seiner Gegenwart ist es ganz unmöglich für mich, an irgendjemand oder irgendetwas anderes zu denken als an ihn. Während der zehn Tage, die er in Stockholm zugebracht hat, waren wir ständig zusammen, im dauernden Tête-à-tête, und wir haben selten von etwas anderem gesprochen als von uns selbst, und das mit einer Offenheit, die Dich erstaunt haben würde. Trotz alledem kann ich meine Gefühle für ihn noch nicht analysieren."[3]*

Maxim, Vollbart, groß, schwer (285 Pfund), Vertrauen einflößend mit seinem dröhnenden Lachen, nahm sie mehr und mehr gefangen. Zehn Jahre war er Professor für Strafrecht in Moskau gewesen, bevor er für folgende zu den Studenten gesprochene Bemerkung entlassen wurde: „Ich soll Ihnen Vorlesungen über Staatsrecht halten. Aber da es in diesem Land kein Recht gibt — was soll ich Ihnen da erzählen?"[4]

Er hatte ein reiches Landgut in Charkow und eine Villa an der Riviera. Er war weit gereist, vielsprachig und sehr belesen. Seine Forschungen bereiteten Engels' „Ursprung der Familie" vor. Er bestritt übrigens, daß Sonja Sozialistin oder gar Kommunistin sei — und er mußte es besser als andere wissen.[5]

Das eigentliche Unglück in der neuen Beziehung war, daß er Sonja nicht wirklich liebte, sondern sie nur hoch schätzte, und das sagte er ihr auch.[6] Sonja aber liebte ihn dennoch beharrlich — oder glaubte es zumindest. Ob sie ihn bis zur Aufgabe ihrer Professur, wobei nicht klar ist, ob er dies verlangte[7], geliebt hätte, bleibt dahingestellt. Auf jeden Fall steigerte sie sich in die Person dieses neuen Kowalewskij hinein. Kennedy: „Sophia gab einmal selbst zu, daß sie wie ein Chamäleon die Farbgebung jener Person annahm, mit der sie gerade zusammen war. ... Dieser ihr Charakterzug, der exzellente Resultate erbrachte, wenn er sich auf etwas Abstraktes konzentrierte, auf ein zu erreichendes Ziel, verursachte ihr früher oder später und manchmal wiederholt emotionale Spannung in jeder zwischenmenschlichen Beziehung."[8]

Mit Maxim Kowalewskij („Ein echter Russe von Kopf bis Fuß"[9]) war fast der Idealtyp des schutzgebenden starken Mannes in ihr Leben getreten. Die große Frage der folgenden Jahre war, wieviel Schutz Sonja braucht und wieviel sie ertragen kann.

Ende April weilten sie zusammen in London, dann fuhr sie allein nach Paris weiter. Und immer noch war ihre Arbeit nicht fertig!

Die Monate von Juli bis September aber verbrachte Kowalewskaja dann im Harz, wo Weierstraß seine wenig aufregenden Ferien mit den beiden Schwestern verlebte. Hier nahm er sie wie in alten Zeiten ordentlich an die Kandare, und Sonjas Ergebnisse erhielten den letzten Schliff, jene Politur, in der Weierstraß sie für präsentabel hielt.[10] Dann kehrte sie nach Stockholm zurück.

In dieser endgültigen Gestalt errang die Arbeit mit dem Siegelmotto *Sag', was du weißt, tu', was du mußt, und was immer sein wird, wird sein* den ersten Preis, und wegen der Bedeutung der Ergebnisse wurde er von 3000 auf 5000 fr. heraufgesetzt. Nach allem, was wir über die Vorgeschichte wissen, ist das große Erstaunen der Jury, daß sich hinter dem genannten Motto eine Frau verbarg, eine Fabel.[11] Es ist ganz offensichtlich so, daß die Akademie eine Gelegenheit gesucht hatte, Sonja, die man schätzte und die gute Beziehungen zur Hautevolée der französischen Mathematik unterhielt, gehörig herauszustreichen.[12] Gyldén nannte einmal scherzhaft Weierstraß, Mittag-Leffler, Hermite,

Poincaré und Kowalewskaja eine „Gesellschaft zur gegenseitigen Bewunderung"![13]

Nach der Mitteilung am 18. Dezember folgte am Mittag des Heiligen Abends 1888 jene glanzvolle Feier, von der wir eingangs dieser Biographie gesprochen haben. Wichtig besonders: Maxim war anwesend. Die Lobrede des Astronomen Janssen tauchte tief hinab zu Sonjas Vorfahren, bis zu Matthias Corvinus. Feste und Bankette folgten.

Aber nur ein norwegischer Romancier, Jonas Lie, traf ihr Herz. Anne-Charlotte Leffler berichtet: „Es war einer der angenehmsten Tage unseres Pariser Aufenthalts, als wir bei ihm (Jonas Lie; Vf.) mit Grieg, der damals gerade seine großen Triumphe in Paris feierte, und dessen Gattin zusammen zu Tisch waren und er einen Toast hielt, der sie fast zu Thränen rührte. Es herrschte jene unbeschreibliche Feststimmung, wie sie in einem kleinen Kreise entsteht, wo alle sich freuen, einander zu sehen und sich verstanden zu wissen. Jonas Lie war in bester Stimmung. Er hielt einen Toast nach dem anderen, warm, phantasiereich, ein wenig unklar und dunkel, wie seine Art ist, aber höchst ansprechend durch die Herzlichkeit und Unmittelbarkeit, wie durch die poetische Färbung, die er seinen Worten zu geben vermag. Und er sprach von Sonja nicht als der berühmten Gelehrten, nicht als Schriftstellerin, er sprach über die kleine Tanja Rajevsky, für die sie ihn, wie er sagte, so sehr zu interessieren gewußt und für die er so viel Mitgefühl empfände. Er hatte ein so feines Verständnis für dieses junge, liebebedürftige Kind, das keiner begriff, und welches wahrscheinlich vom Leben selbst nicht verstanden wurde, denn nach allem, was er später gefunden, hatte es an sie alle möglichen Gaben verschwendet, aus denen sie sich nichts machte, hatte ihr Ehre, Auszeichnungen und Erfolge verliehen, während das kleine Mädchen mit den großen, liebebedürftigen Augen dastand und die leeren Hände ausstreckte. Was wollte es denn, das kleine Mädchen? Es wollte nur, daß eine freundliche Hand ihm eine Apfelsine reiche.

,Danke, Herr Lie,' rief Sonja mit zitternder, gerührter Stimme und zurückgedrängten Thränen. *,Ich hörte viele Toaste im Leben, aber niemals einen so schönen!'*

Mehr konnte sie nicht hervorbringen, sie setzte sich nieder und würgte ihre Thränen mit einem großen Glase Wasser hinunter."[14]

Eine erweiterte Form der Prix-Bordin-Arbeit wurde 1889 von der Schwedischen Akademie der Wissenschaften mit 1500 Kronen prämiert und erschien 1890 in den „Acta".[15]

Mit dem äußeren Höhepunkt ihres Lebens aber fallen für Sonja ihre tiefsten seelischen Konflikte zusammen. Natürlich ging es um Maxim, die dauernden Szenen mit ihm, das Wechselbad der Gefühle.

Zweimal hat sie versucht, sein Gewicht literarisch zu fixieren, bezeichnenderweise in zwei Bruchstücken, im *Fragment einer Romanze an der
Riviera*[16] und, über das Bild seiner Mutter, in *Frau Putowskaja*.[17]

Vae Victis[18], die Geschichte der Liebe einer jungen Frau zu einem
älteren Mann, kam über die Einleitung nicht hinaus. „*Heute schrieb ich
den Anfang von V a e   V i c t i s. Wahrscheinlich werde ich es niemals
vollenden.*"[19]

„Es ist ein Stimmungsbild, das den Kampf der Natur im Frühling
schildert, beim Erwachen zu neuem Leben nach ihrem langen Winter-
schlaf. Aber es wird hier nicht zum Preise des Lenzes gesungen, wie
gewöhnlich in Frühjahrsschilderungen, sondern zu dem des Winters,
des langen, stillen Winters, während der Lenz wie ein brutales, sinnli-
ches Wesen dargestellt wird, das nur große Hoffnungen erweckt, um sie
zu täuschen."[20]

Ihr sanguinisches Temperament lebte sich nun voll aus.

An Mittag-Leffler schrieb sie:

„*Wie dankbar bin ich Ihnen für Ihre Freundschaft! Ja, ich glaube,
sie ist das einzig wirklich Gute, das das Leben mir geschenkt hat. Wie
beschämt bin ich, so wenig thun zu können, um zu beweisen, wie sehr ich
sie würdige! Aber tragen Sie es mir nicht nach, lieber Gustav, ich bin in
diesem Augenblick nicht Herrin meiner selbst. Von überall erhalte ich
Glückwunschschreiben, und durch eine wunderbare Ironie des Schicksals
habe ich mich niemals in meinem Leben so unglücklich gefühlt wie jetzt.
Elend wie ein Hund! Nein, ich hoffe um der Hunde willen, daß sie nicht
so elend wie die Männer und vor allem die Frauen sein können.*

*Aber ich werde allmählich vielleicht wieder vernünftiger werden
... Ich werde von neuem anfangen zu arbeiten und mich für prakti-
sche Dinge zu interessieren, und werde mich natürlich ganz nach Ihrem Rat richten und alles thun, was Sie wünschen ... Wenn ich in
meine Wohnung zurückkomme, thue ich nichts weiter, als fortwährend
in meinem Zimmer auf und ab zu gehen. Ich habe weder Appetit, noch
kann ich schlafen und mein ganzes Nervensystem ist in einem traurigen
Zustand.*"[21]

Dazwischen hatte es aber auch Phasen schon fast rauschhaften
Glücks gegeben. Ellen Key notierte:

Es „war an einem Abend in der Stockholmer Oper, als Beethovens Neunte Symphonie aufgeführt wurde. Sonja Kovalevska war —
ganz ausnahmsweise — in der Wahl ihrer Toilette glücklich gewesen,
sie trug ein schwarzes Kleid aus Seide und Spitzen, das, ohne die kleine
dünne Gestalt zu drücken, ihr einen einheitlichen Stil gab. Neben ihr
saß ihr russischer Landsmann, ein genialer, sonnig lächelnder Riese mit

strahlenden Augen. Rings um sie strömte die alle Himmel aufschließende Musik, die Glückseligkeit in Tönen —

Ein lichter Friede, eine edle Ruhe, eine sanfte Innigkeit verklärte Sonja Kovalevskas sonst so nervöses Antlitz, verfeinerte die unregelmäßigen Züge, hauchte über die unreine Haut eine gleichmäßige warme Blässe. Sie war verklärt, beinahe schön.

Denn sie liebte ... Die Musik verstummte, und sie wandte sich ihrem Nachbar mit einem Blick zu - - -"[22]

In grellem Kontrast zu solchen Szenen schrieb Sonja selbst an Anne-Charlotte: *„Du kannst Dir keinen Begriff davon machen, in welchem Grade ich gleichgültig gegen alles bin.“*[23]

Maxim Kowalewskij hingegen urteilte kühler: „Ihr Gefühl, draußen einsam zu sein, ließ sie Freundschaft suchen, und als sich eine Chance bot, dauernden Kontakt mit einem Landsmann haben zu können, der nicht weniger vom russischen Leben abgeschnitten war, da tauchte etwas Ähnliches wie Anhänglichkeit in ihr auf. Manchmal glaubte sie, es sei Zärtlichkeit. Aber all dies beeinträchtigte nicht im geringsten ihre Fähigkeit, sich selbst mit Arbeit zuzudecken, wann immer sie wollte, oder ganze Nächte mit der Lösung ihrer mathematischen Probleme zuzubringen.“[24]

Hin- und hergerissen zwischen ihrem Liebesgefühl und der Notwendigkeit, sich in der Wissenschaft als Frau zu verwirklichen, hatte sie merkwürdigerweise eine besondere Scheu davor, nach Stockholm zurückzukehren, das ihr kein vertrautes *„geistiges Milieu“* mehr war:

„Wenn man nicht das Beste im Leben haben kann, das Herzensglück, so wird das Leben doch jedenfalls erträglich, wenn man wenigstens das Nächstbeste hat: ein geistiges Milieu. Aber weder eins noch das andere zu besitzen, ist unerträglich.“[25]

Hinzu kam, daß die Freundinnen Sonja und Anne-Charlotte sich entfremdet hatten. 1889 in Paris saßen sie eher schweigend nebeneinander, Leffler sprach nicht von ihrem Glück mit Cajanello, Kowalewskaja nicht von ihren Abgründen.[26] Auch die gemeinsame Arbeit war ausgeschöpft: Die Vollendung eines Dramas von Anjuta, „Bis zum Tode und nach dem Tode“, geriet zur verdrossenen Pflichtübung.[27]

Immer wieder schiebt sie ihre Rückkehr nach Schweden hinaus. Die notwendigen Krankheitszeugnisse bringt sie aber nur sehr säumig bei, was Mittag-Leffler erbost. Auch das nimmt sie demütig hin:

„Sie haben recht: Ich tauge für gar nichts. Es gibt nichts, was ich ordnen kann, ich kann mit anderen Leuten keine Geschäftsbeziehungen aufrechterhalten, ich bin unerträglich, und man kann kein Vertrauen zu mir haben.“[28]

Sie träumte davon, nach Rußland zurückzukehren. Ein Vetter, immerhin Generalleutnant, und Tschebyschew setzten sich dafür ein. Großfürst Konstantin, Präsident der Petersburger Akademie, antwortete mit einem gewundenen Bedauern, ihr keine adäquate Stelle anbieten zu können. Dann wiederum wollte sie in Paris bleiben, aber auch in Frankreich gab es keine Frauen auf Lehrstühlen.[29]

Als sie sich dann mit dem Gedanken trug, in Paris noch einmal zu promovieren, schrieb Weierstraß ihr einen geharnischten Brief: Ob sie Göttingen vor den Kopf stoßen wolle? Ob sie etwa als Lehrerin an einer höheren Töchterschule der französischen Provinz versauern wolle? „Und doch war es einst Dein Ideal — ... — durch die Tat zu zeigen, daß ein Vorurteil und Beschränktheit die Frauen von der Beteiligung an den höchsten Bestrebungen der Menschheit bisher fern gehalten haben."[30]

Daß man ihr den höchsten mathematischen Preis der Akademie verliehen hatte, war die eine Sache. Akademien konnten sich zukunftweisende Schritte leisten. Damit war aber noch lange nicht gesagt, daß die französische Gesellschaft oder gar die französischen Behörden allgemein dieser Art Fortschrittlichkeit erlegen waren:

„Doch muß man bedenken, daß die Franzosen nicht sobald eine Frau zum Professor ernennen werden, obwohl mir bei meiner Ernennung (in Stockholm; Vf.) *niemand mehr Schmeicheleien gesagt hat als grade die französischen Mathematiker. Doch finden sie es sehr schön im Ausland, nur nicht bei sich selbst."*[31]

Zu Ostern war in Sèvres noch einmal ein großes Treffen gewesen: Mittag-Lefflers mit Fufu, Julia Lermontowa, Jurij Jaclard.[32] Bis zum Herbst trödelte Kowalewskaja zwischen Paris und Nizza umher. Dann kehrte sie widerwillig nach Stockholm zurück: Ihre Professur war auf Lebenszeit ausgedehnt worden ...[33]

Die späteren mathematischen Arbeiten Kowalewskajas

Nach ihrer Rückkehr aus Rußland wollte Kowalewskaja schnellstmöglich Anschluß an die „mathematische Gemeinde" finden. Dies war nicht einfach, denn durch die Korrespondenz mit Weierstraß und Begegnungen mit Mathematikern wie Tschebyschew und Mittag-Leffler war sie zwar, was die Entwicklung der mathematischen Forschung anbelangte, auf dem laufenden geblieben, hatte aber in den immerhin fünf Jahren ihres Rußlandaufenthaltes zu dieser Entwicklung selbst nichts beigetragen. Mit ihrem Petersburger Vortrag auf dem Naturwissenschaftler- und Physikerkongreß 1880, der die — dort noch unbekannten — Ergebnisse ihrer Promotion über Abelsche Integrale referierte, hatte sie sich zwar wieder ins Gespräch bringen können; doch in dem Glanz ihrer Dissertation konnte und wollte sie sich selbstverständlich nicht ewig sonnen.

Nach dem Verstreichen eines solchen Zeitraums war man normalerweise aus dem wissenschaftlichen „Rennen", und so mußte sie schleunigst Taten sprechen lassen, also ein neues, möglichst „publicityträchtiges" Projekt in Angriff nehmen und erfolgreich zum Abschluß bringen.

Deshalb wandte sie sich an ihren Doktorvater Weierstraß um Rat, und dieser half ihr in besonderer Weise: Er gab ihr nicht nur ein mathematisch-physikalisches Problem, dessen Lösung damals von Bedeutung war (und womit man gleichermaßen in der Mathematik und in der Physik Meriten erwerben konnte), sondern überließ ihr zusätzlich eine von ihm entwickelte, noch unpublizierte Methode, mit der sich seiner Meinung nach dieses Problem angehen ließ. (Zur Relativierung von Weierstraß' Hilfsbereitschaft kann man natürlich anführen, daß er sich in diesem Fall die Mühe sparen konnte, den Erfolg seiner Methode selbst zu verifizieren.)

Kowalewskaja nahm Weierstraß' Vorschlag und Angebot an und machte sich sogleich an die Arbeit. Das Problem bestand darin, ein kompliziertes System partieller Differentialgleichungen, die sogenannten Lamé-Gleichungen, zu lösen.

Eine Lösung dieser Gleichungen beschrieb unter anderem die Ausbreitung von Lichtwellen in einem doppelbrechenden Medium als Funktion der Zeit.

Was ist ein „doppelbrechendes Medium"? Beim Übergang von Lichtwellen zwischen verschiedenen Medien (zum Beispiel beim Übergang von Luft in Wasser) kann sich die Richtung und Geschwindigkeit ihrer Ausbreitung verändern. Dieses als „Brechung" (der Wellen)

bezeichnete Phänomen läßt sich (so banal das folgende Beispiel vorerst scheinen mag) bereits in der Badewanne beobachten: Beim Griff
nach der Seife greift man oft ins Leere, da sich die Seife nicht an dem
Ort befindet, an dem man sie — aufgrund der Brechung — sieht; die
Lichtwellen haben an der Grenzfläche zwischen Luft und Wasser ihre
Ausbreitungsrichtung geändert.

In gewissen „kristallinen" Medien, so einigen Kristallen wie Kalkspat (und allgemeiner: jedem optisch anisotropen Medium), wird die
Lichtwelle nicht nur gebrochen, sondern darüber hinaus in zwei Teilwellen aufgespalten. In diesem Fall spricht man von „Doppelbrechung".

Doppelbrechende Medien waren im 19. Jahrhundert von bedeutenden Physikern wie Huygens und Fresnel untersucht worden. Der
französische Mathematiker und Physiker Gabriel Lamé (1795–1870)
hatte sich in der zweiten Auflage seines Werkes „Leçons sur la Théorie
Mathématique de l'Elasticité des Corps Solides"[1] (1866) dem Studium
der Ausbreitung von Lichtwellen systematisch gewidmet und bei der
Spezialisierung auf doppelbrechende Medien die nach ihm benannten
Gleichungen erhalten, sie jedoch nur für einen Spezialfall (und zwar den
ebener Wellen) lösen können.

Kowalewskaja versuchte nun, diese Gleichungen allgemein zu
lösen.

Dies war zunächst ein Problem rein mathematischer Natur; von
Bedeutung war die Lösung der Lamé-Gleichungen (zumindest, als Kowalewskaja sie in Angriff nahm — siehe unten) aber auch deshalb, weil
sie es einst ermöglichen würde, die (weil von Lamé vertretene und in
seinem Werk als Dauerhypothese vorausgesetzte) Gültigkeit der von
Fresnel mitbegründeten und zum damaligen Zeitpunkt in der Diskussion der physikalischen Fachwelt befindlichen „elastischen Lichtwellentheorie" zu untermauern — oder zu widerlegen.

Neben dieser Theorie über die Natur der Lichtwellen existierte
allerdings eine konkurrierende, von dem bereits erwähnten Maxwell
entwickelte „elektromagnetische Lichtwellentheorie" (die sich innerhalb
kurzer Zeit immer mehr durchsetzen sollte!).

Mit Hilfe von Weierstraß' Methode gelang es Kowalewskaja nach
anderthalb Jahren, die allgemeine Lösung der Lamé-Gleichungen zu finden, und damit konnte sie sich wissenschaftlich wieder etablieren: Auf
einem 1883 in Odessa stattfindenden Kongreß der russischen Naturwissenschaftler und Physiker präsentierte sie bereits ihre neuen Resultate
der Fachwelt, 1884 veröffentlichte sie sie französisch[2] und schwedisch[3]
und, am ausführlichsten, deutsch 1885 in den Acta Mathematica: *Über
die Brechung des Lichtes in cristallinischen Mitteln.*[4]

Allerdings zeigte der italienische Physiker Vito Volterra (1860 bis 1940) im Jahre 1892[5], nach Kowalewskajas Tod, daß die Lösung der Lamé-Gleichungen, die sie gefunden hatte, nicht korrekt war. In ihrer Beweisführung war eine Hilfsbehauptung enthalten, deren Richtigkeit nachzuweisen sie sich nicht die Mühe gemacht und die sie ohne Beweis als richtig angenommen hatte, die aber, wie Volterra zeigte, nicht zutraf. Deshalb verfehlte sie, wenn auch nur „knapp", die richtige Lösung.

Zu ihrer Entschuldigung ist anzuführen, daß sie zur Zeit der Entstehung ihrer Arbeit übermäßig strapaziert war und es deshalb unterließ, die Richtigkeit der erwähnten Behauptung explizit nachzuweisen. Zudem bemerkte auch Weierstraß, der die Arbeit gegenlas, den Fehler nicht, desgleichen nicht der ebenfalls im Vorfeld zum Korrekturlesen eingespannte Carl Runge[6] — zu einer experimentellen Überprüfung ihrer Resultate scheint es übrigens nie gekommen zu sein!

Warum zu Kowalewskajas Lebzeiten niemand entdeckte, daß die von ihr angegebene Lösung nicht korrekt war, läßt sich nur dadurch erklären, daß die Arbeit neben Volterra wohl nur wenige kritische Leser fand: Die elastische Lichtwellentheorie (und damit die Signifikanz von Kowalewskajas Arbeit) war dadurch, daß sich die Maxwell-Theorie immer mehr durchsetzte (sie wurde 1887 von Hertz experimentell verifiziert), mehr und mehr ins Hintertreffen geraten.

$$*$$

Für den spezifisch fachwissenschaftlichen Teil können wir uns auf die Lamé-Gleichungen und eine Andeutung der von Kowalewskaja benutzten Methode Weierstraß' beschränken.

Die Lamé-Gleichungen schreiben sich in der Form, in der Kowalewskaja sie untersuchte, als

$$\frac{\partial^2 \xi}{\partial t^2} = c^2 \frac{\partial}{\partial y}\left(\frac{\partial \xi}{\partial y} - \frac{\partial \eta}{\partial x}\right) - b^2 \frac{\partial}{\partial z}\left(\frac{\partial \zeta}{\partial x} - \frac{\partial \xi}{\partial z}\right)$$

$$\frac{\partial^2 \eta}{\partial t^2} = a^2 \frac{\partial}{\partial z}\left(\frac{\partial \eta}{\partial z} - \frac{\partial \zeta}{\partial y}\right) - c^2 \frac{\partial}{\partial x}\left(\frac{\partial \xi}{\partial y} - \frac{\partial \eta}{\partial x}\right)$$

$$\frac{\partial^2 \zeta}{\partial t^2} = b^2 \frac{\partial}{\partial x}\left(\frac{\partial \zeta}{\partial x} - \frac{\partial \xi}{\partial z}\right) - a^2 \frac{\partial}{\partial y}\left(\frac{\partial \eta}{\partial z} - \frac{\partial zeta}{\partial y}\right)$$

Dabei bezeichnen x, y, z die kartesischen Koordinaten eines Punktes des Mediums, ξ, η, ζ die Komponenten der Verrückungen des Punktes aus seiner Gleichgewichtslage, a, b, c drei positive Konstanten (die Elastizitätsachsen) und t die Zeit.

Die Forderung, daß die Dichte des Mediums stets konstant bleibe, führt zu der zusätzlichen Gleichung

$$\frac{\partial \xi}{\partial x} + \frac{\partial \eta}{\partial y} + \frac{\partial \zeta}{\partial z} \equiv 0.$$

Weierstraß' Methode bestand im wesentlichen darin, daß er entdeckt hatte, wie sich für bestimmte lineare partielle Differentialgleichungen und Anfangswertprobleme die Greensche Funktion konstruieren läßt[7]; Kowalewskaja behauptete bei deren Anwendung an einer Stelle ihrer Arbeit jedoch fälschlicherweise, daß (was allerdings durch Transformation der Lamé-Gleichungen auf Weber-Koordinaten nahegelegt wurde!) man zum Nachweis der Korrektheit der Lösung unter dem Integralzeichen differenzieren dürfe. Der an der korrekten Lösung interessierte Leser findet diese, neben einer Kritik der Resultate Kowalewskajas, in der genannten Arbeit Volterras.[8]

$$* * *$$

Ihren größten wissenschaftlichen Erfolg zu Lebzeiten errang Kowalewskaja mit der Lösung eines alten Problems der theoretischen Physik, das die Bewegung starrer Körper betraf und an dem vor ihr schon zahlreiche hervorragende Mathematiker ohne größeren Erfolg gearbeitet hatten; wie bereits berichtet, erhielt sie dafür 1888 den Prix Bordin, eine der höchsten und international bestrenommierten Auszeichnungen in der Mathematik und den Naturwissenschaften, die damals überhaupt zu vergeben waren.

Das Preiskomitee begründete seinen Entschluß, Sonja den Preis zuzuerkennen, wie folgt:„Diese bemerkenswerte Arbeit enthält die Entdeckung eines neuen Falles, in dem es möglich ist, die Differentialgleichungen, die die Bewegung eines schweren (unter dem Einfluß der Schwerkraft befindlichen; Vf.), in einem Punkt fixierten Körpers beschreiben, zu lösen. Damit hat der Autor nicht nur den von Euler und Lagrange erzielten Resultaten ein neues höchst interessantes hinzugefügt; der Autor hat auch eine Entdeckung gemacht, der wir aufgrund seiner profunden Studie, die alle Hilfsmittel der modernen Funktionentheorie involviert, höchsten Tribut zollen müssen. Die Eigenschaften von Thetafunktionen zweier unabhängiger Variablen machen es möglich, in exakter und eleganter Form eine vollständige Lösung zu geben. Damit haben wir für diese transzendenten Funktionen, deren Anwendung bislang auf reine Analysis und Geometrie beschränkt war, ein neues und bemerkenswertes Anwendungsbeispiel in der Mechanik. ... Der Autor heißt Madame Sofya Kovalevskaya."[9]

Sie hatte nicht nur ein zentrales Problem der mathematischen Physik gelöst und dafür einen begehrten Preis erhalten, sondern durch die Anwendung einer damals noch so jungen wie abstrakten Theorie der Abelschen Funktionen in der Physik die ganze mathematische Welt in Erstaunen versetzt.

In ihrer Arbeit[10,11] gelang es Kowalewskaja, für einen bestimmten Typ starrer Körper, den sogenannten Kreisel (zu denen man so unterschiedliche Dinge wie den Spielzeugkreisel und den Planeten Erde zählen darf) die Differentialgleichungen, die deren Rotationsverhalten in einem Gravitationsfeld bestimmen, explizit zu lösen. Darüber hinaus brachte sie alle bisherigen Untersuchungen auf diesem Gebiet zu einem gewissen Abschluß, indem sie zeigte, daß der von ihr dabei neu entdeckte Fall neben den bis dahin bekannten der einzige ist, der sich mit Hilfe spezieller (meromorpher) Funktionen geschlossen lösen läßt. 1897[12] zeigte der französische Mathematiker Roger Liouville (1856 bis 1913), daß der „Kowalewskaja-Fall" überhaupt den letzten der (durch Reduktion auf Quadraturen und Anwendung von Thetafunktionen) exakt lösbaren Fälle darstellt. Insofern markieren Kowalewskajas Resultate den Gipfel- und Endpunkt der analytischen Kreiseltheorie.

Um der Bedeutung ihrer preisgekrönten Arbeit gerecht werden zu können, beginnen wir unsere Ausführungen mit einigen ausführlicheren Bemerkungen zum mathematisch-physikalischen Kontext und zur Geschichte des Problems:

Die Theorie des starren Körpers, speziell die Kreiseltheorie, gilt bereits aufgrund ihrer mathematischen Kompliziertheit als Hohe Schule der (konkreten) Mechanik.

In den meisten Bereichen und Anwendungen der Mechanik kommt man mit dem Konzept des sogenannten „Massenpunktes" aus: Man abstrahiert völlig von der speziellen Gestalt und Beschaffenheit des Körpers, dessen Bewegung im Raum man beschreiben möchte, und reduziert ihn auf die einzige physikalisch noch relevante Größe: seine in einem Punkt konzentriert gedachte Masse. Dadurch daß der Körper nach dieser Reduktion durch einen solchen „Massenpunkt" repräsentiert ist, wird die mathematische Behandlung seines Bewegungsproblems enorm vereinfacht.

Trotz dieser nicht unbeträchtlichen Idealisierung erweist sich das Konzept des Massenpunktes als äußerst erfolgreich. Die „Punktmechanik", die die Bewegung von Massenpunkten und spezieller Systeme von Massenpunkten studiert, läßt sich in vielen konkreten Fällen anwenden, die sich von mikroskopischen Objekten wie Elementarteilchen über Gegenstände unseres unmittelbaren Erfahrungsbereiches bis hin zu makroskopischen Objekten wie Sternen und Planeten erstrecken können.

Dennoch findet dieses Konzept seine Grenzen, beispielsweise dann, wenn in das zu lösende Bewegungsproblem die genaue Gestalt und Struktur des Körpers oder seine Möglichkeit, eine Rotation auszuführen, zentral eingeht. Dann versagt das Konzept des Massenpunktes: ein (mathematischer) Punkt hat keine Ausdehnung und damit weder Form noch die Fähigkeit zur Drehung um sich selbst.

Möglichkeiten und Grenzen der Punktmechanik seien an folgenden Beispielen illustriert: Das Keplerproblem, so benannt nach dem deutschen Mathematiker, Physiker und Astronomen Johannes Kepler (1571–1630), das darin besteht, die Relativbewegung von Erde und Sonne unter dem Einfluß der Gravitationskraft zu bestimmen, läßt sich im Rahmen der Punktmechanik, die Erde und Sonne als Massenpunkte annimmt, zufriedenstellend lösen. Seit 1661 (Viviani), spätestens jedoch seit 1851, als der Physiker Jean Bernard Léon Foucault (1819 bis 1868) im Pariser Panthéon seinen damals aufsehenerregenden Versuch mit dem Pendel, das fortan seinen Namen tragen sollte (und manchem vielleicht zumindest durch einen Roman Umberto Ecos ein Begriff ist), durchführte, ist andererseits bekannt, daß die Erde bezüglich des Fixsternhimmels eine Eigenrotation ausführt.

Beim Keplerproblem kann man dennoch guten Gewissens auf die Analyse der Eigenrotation verzichten, da sich Keplerbahn und Rotationsbewegung nicht gegenseitig beeinflussen und quasi „entkoppelt" sind; doch bei Untersuchungen von Problemen, die direkt mit der Erdrotation zusammenhängen, wie etwa dem der Schwankung der Pole, läßt sich die Punktmechanik, wie aus dem oben Dargelegten hervorgeht, nicht mehr anwenden. Für solche Probleme benötigt die Mechanik ein komplizierteres Konzept: das des starren Körpers.

Einen starren Körper denkt man sich als System von vielen Massenpunkten, deren Abstand voneinander sich im Laufe der Zeit — selbst unter dem Einfluß von Kräften — nicht verändert (wie dies bei Systemen von Massenpunkten in der Punktmechanik der Fall ist), sondern immer „starr" bleibt wie die Punkte eines festen, dichten Gitters. Der starre Körper stellt selbstverständlich auch nur eine Idealisierung realer Gegenstände dar (wie sich zeigte, widerspräche seine Existenz sogar der Speziellen Relativitätstheorie, denn in ihm könnten Signale sich unendlich schnell, also mit Überlichtgeschwindigkeit — deren Existenz Einsteins Theorie negiert — ausbreiten), denn alle materiellen Körper lassen sich durch hinreichend große Kräfte deformieren.

Das Konzept des starren Körpers besitzt jedoch gegenüber dem des Massenpunktes bereits einen entscheidenden Vorteil: Der starre Körper hat eine endliche Ausdehnung und damit nicht nur Form und

Struktur, sondern auch die Möglichkeit zur Eigenrotation. Damit stellt er in vielen Fällen eine adäquate und gute Approximation dar.

Dies würde ein realistischeres Modell wie der deformierbare Körper natürlich auch leisten, doch der deformierbare läßt sich im Gegensatz zum starren Körper nicht mehr im konzeptionellen Schema der „normalen" Mechanik, die die Punktmechanik als Teil beinhaltet, behandeln. Dies liegt darin begründet, daß der starre Körper infolge seiner Starrheit nur endlich viele „Freiheitsgrade der Bewegung" besitzt: Zur genauen Lokalisation eines starren Körpers im Raum, also zur genauen Bestimmung der Lage jedes einzelnen seiner Punkte, reicht wegen der Starrheit des Körpers die Kenntnis von maximal insgesamt nur sechs Größen (als Funktionen der Zeit) bereits aus.

Doch im Fall deformierbarer Körper, bei denen die Abstände der den Körper konstituierenden Punkte nicht zeitlich konstant bleiben müssen (und es meist auch nicht tun!), ist für die Bestimmung der genauen Position der Punkte i.a. die Kenntnis der Koordinaten aller einzelnen Punkte des Körpers notwendig, und für das Studium eines solchen „Systems mit unendlich vielen Freiheitsgraden" benötigt man sowohl eine andere physikalische Theorie wie die Elastizitätstheorie oder Hydrodynamik als auch andere mathematische Konzepte und Hilfsmittel (zum Beispiel die Theorie partieller statt gewöhnlicher Differentialgleichungen).

Dies erklärt die Bedeutung des starren Körpers für die Mechanik. Seine Theorie ist allerdings weitaus komplizierter als die des Massenpunktes. Dies gilt speziell für die Kreiseltheorie, mit der sich Kowalewskaja beschäftigte: Ein Kreisel im Sinne der Mechanik ist ein starrer Körper beliebiger Gestalt, der in einem einzigen, festen Punkt drehbar gelagert ist und um diesen Punkt, das sogenannte Rotationszentrum, allgemeine Drehbewegungen ausführt. Das bedeutet, daß die durch das Rotationszentrum gehende Achse, um die der Kreisel rotiert, ihre Richtung im Laufe der Zeit verändern kann.

Die Forderung, daß das Rotationszentrum fixiert ist, stellt jedoch keine große Einschränkung dar (strenggenommen dürfte man nicht einmal den Spielzeugkreisel, dessen Rotationszentrum, die Spitze, frei beweglich ist, zu den mechanischen Kreiseln zählen). Denn die allgemeine Bewegung eines starren Körpers (so auch eines „Kreisels" mit beweglichem Rotationszentrum) läßt sich in den meisten Fällen (dies ist von der Natur der einwirkenden Kräfte abhängig) in eine — vergleichsweise einfach zu handhabende — Translationsbewegung des Körpers als Ganzes und eine davon „unabhängige" Rotationsbewegung zerlegen, so daß man beim Studium starrer Körper das Hauptaugenmerk auf die Untersuchung des Rotationsverhaltens, also der Kreiselbewegung, richten kann.

Das Rotationsverhalten eines Kreisels — wichtig für Astronomie und Geologie (siehe oben), aber auch wichtig für technische Anwendungen wie Kreiselkompaß, Geradlaufapparat, Schiffskreisel usw. — stellt allerdings ein hochkomplexes und zudem stark von der Form der am Kreisel angreifenden Kräfte abhängiges Phänomen dar. Aus diesen Gründen versuchten (und versuchen!) über Jahrhunderte hinweg viele hervorragende Mathematiker und Physiker, dieses Phänomen in den Griff zu bekommen, kurz: das „Kreiselproblem" zu lösen. Den Namen „mathematische Nixe" bekam es wohl wegen seiner mathematischen Ästhetik wie auch Unnahbarkeit.

Als Begründer der (analytischen) Theorie des Kreisels, die, wie berichtet, Kowalewskaja zu einem gewissen Abschluß brachte, darf man den aus der Schweiz stammenden Mathematiker Leonhard Euler (1707 bis 1783) ansehen, den wohl produktivsten Mathematiker aller Zeiten: Im Laufe seines Lebens (und das, obwohl er 1766 bereits völlig erblindet war) schrieb er über 800 (!) mathematische Bücher und sonstige Arbeiten, von denen etliche Standardwerke wurden. Euler untersuchte in mehreren Arbeiten[13] das Kreiselproblem und leitete aus den allgemeinen Bewegungsgleichungen der Newtonschen Mechanik die später nach ihm benannten Differentialgleichungen[14] her, die die Bewegung eines Kreisels, der (eventuell) unter dem Einfluß von äußeren Kräften steht, bestimmen. Damit schuf er die Grundlage für alle weiteren Untersuchungen.

Obendrein gelang ihm die Lösung des Problems für Spezialfälle, in denen auf den Kreisel keine äußeren Kräfte einwirken.[15] Die Erde läßt sich beispielsweise als ein solcher „freier Kreisel" auffassen.

Der nächste, der einen wichtigen Beitrag zu dieser Thematik leistete, war der französische Mathematiker Joseph Louis Lagrange (1736 bis 1813), bekannt durch seine großen Werke „Mécanique analytique" (1788) und „Théorie des fonctions analytiques" (1797), die ihn als ersten reinen (ohne auf die Geometrie bezugnehmenden) Analytiker ausweisen. In seiner neuen Darstellung der Mechanik gelang es ihm, das Kreiselproblem für einen weiteren Fall zu lösen: für spezielle „symmetrische" Kreisel, an denen — im Gegensatz zum Euler-Fall — nun auch Gravitationskräfte angreifen dürfen.[16]

Der „Lagrange-Fall" ist sehr wichtig für Anwendungen, denn die meisten technischen Kreiselapparaturen wie zum Beispiel das Gyroskop (ein Gerät für die automatische Steuerung von Flugkörpern, dessen Hauptbauelement ein Kreisel ist) erfüllen die Lagrangeschen Symmetriebedingungen. Auch der Spielkreisel läßt sich unter den Lagrange-Fall fassen.

Euler und Lagrange hatten zwar zwei wichtige Spezialfälle des Kreiselproblems lösen können, doch der mathematische und physikalische Gehalt der Differentialgleichungen war damit noch keinesfalls erschöpft. Im 19. Jahrhundert stellten sich deshalb viele Mathematiker und Physiker, darunter so ausgezeichnete Forscher wie Cayley, Maxwell, Sylvester, Poisson und Poinsot (dessen geometrischer Zugang[17] noch heute geschätzt und gelehrt wird) die Aufgabe, das Problem in allgemeiner Form zu lösen. Doch obwohl sie zahlreiche Beiträge zur Kreiseltheorie leisteten und dem Problem neue Aspekte abgewannen, gelang keinem von ihnen die Lösung; auch wurde kein weiterer zentraler Spezialfall entdeckt.

Den Ausgangspunkt für Kowalewskaja stellten Untersuchungen von Carl Gustav Jakob Jacobi (1804–1851) zum Kreiselproblem dar. Jacobi leistete zu vielen Gebieten der Mathematik bedeutende Beiträge, vor allem jedoch zur Theorie der Abelschen Integrale und elliptischen Funktionen. Die für Kowalewskajas spätere Arbeiten so zentrale Theorie der Thetafunktionen, aus der sich die der elliptischen Funktionen entwickeln läßt, geht auf ihn zurück.

In beiden bis dahin bekannten lösbaren Fällen des Rotationsproblems involvierten die Lösungen elliptische Funktionen, und Jacobi wies deshalb in einer 1849 — übrigens gleich in mehreren mathematischen Magazinen[18] — publizierten Arbeit den — wie er im Euler-Fall elegant demonstrierte — vielversprechenden Weg, das Problem mit Thetafunktionen anzugehen. Doch selbst ein von der Preußischen Akademie der Wissenschaften 1855 eigens zu diesem Thema ausgeschriebener Wettbewerb brachte keine neuen Resultate: Die mathematische Nixe erwies sich als äußerst unzugänglich.

In seinen Vorlesungen zur mathematischen Physik griff Weierstraß den Ansatz Jacobis auf und zeigte darüber hinaus, wie sich die Bewegung des Kreisels im Euler- und Lagrange-Fall mit Hilfe von (den später nach ihm benannten) Sigma-Funktionen ausdrücken läßt.[19] Sigma-Funktionen sind eine Verallgemeinerung von Jacobis elliptischen Thetafunktionen und wichtig für die allgemeine Theorie der doppeltperiodischen Funktionen, welche ein Hauptarbeitsgebiet Weierstraß' darstellten.

So lernte Kowalewskaja schon während ihres Studiums das Kreiselproblem (und seine Tücken!) kennen. Wie sie später berichtete[20], hatte Weierstraß einst sich selbst mit dem allgemeinen Fall beschäftigt und dabei erkannt, daß zu dessen Lösung elliptische Funktionen nicht ausreichten. Deshalb schlug er ihr später vor zu untersuchen, in welchen speziellen Fällen sich das Rotationsproblem durch die allgemeineren Abelschen Funktionen lösen ließe.[21]

Doch Kowalewskaja schwebte wahrscheinlich ein noch höheres Ziel vor: das Problem ganz allgemein und nicht nur für gewisse Spezialfälle zu lösen.[22]

Wie dem auch sei: Sie faßte schon in ihrer Studienzeit den Vorsatz, einen entscheidenden Beitrag zu diesem Problem, welches sie bis an ihr Lebensende nicht mehr loslassen sollte, zu leisten.

Nach ihrer Rückkehr aus der „russischen Emigration" konnte sie erleichtert feststellen, daß in dieser Frage seit ihrer Studienzeit keine größeren Fortschritte gemacht worden waren, und griff das Kreiselproblem bereits während ihrer Arbeit am Lamé-Projekt wieder auf.

Nach Abschluß der Lichtbrechungsthematik widmete sie sich dann voll und ganz den Kreiselgleichungen (was sie, wie gesagt, nicht hinderte, nebenbei auch Literatur zu produzieren!). Ende 1884 erzielte sie erste Teilresultate[23], und 1886 gelang ihr der Durchbruch: Sie entdeckte, daß die Gleichungen in einem weiteren Fall prinzipiell lösbar waren; sie entdeckte den „Kowalewskaja-Fall".[24]

Dieser Fall ist ungleich schwieriger zu behandeln als die Fälle von Euler und Lagrange, denn im Gegensatz zu diesen beschreibt er einen speziellen „unsymmetrischen" Kreisel unter dem Einfluß der Schwerkraft. Die Unsymmetrie führt aufgrund der Gravitationskraft zu einer viel komplizierteren Gestalt der Lösungen als der des symmetrischen Kreisels von Lagrange und des kräftefreien von Euler und damit zu einem extrem komplexen Bewegungsverhalten. Es lassen sich zwar noch physikalische Modelle des Kowalewskaja-Kreisels konstruieren — zum Beispiel ein Kinderkreisel, bei dem in gewissem Abstand von der Figurenachse ein (die Symmetrie gezielt zerstörendes) Gewicht bestimmter Masse angebracht ist —, doch das genaue, determinierte Rotationsverhalten eines solchen Modelles läßt sich nicht mehr mit bloßem Auge analytisch nachvollziehen. Die Bewegung verläuft so kompliziert, daß selbst ein geübter Beobachter keine Regelmäßigkeit mehr in ihr wahrnehmen könnte. Eine konkrete Anwendung, beispielsweise in der Technik, dieses so komplexen Falles gibt es bis zum heutigen Tage noch nicht.

Allerdings hat sich in der modernen Physik mittlerweile eine neue Anwendung der Kreiseltheorie ergeben: In der neueren Theorie stationärer Strömungen in inkompressiblen Flüssigkeiten läßt sich speziell der „Kowalewskaja-Kreisel" zur Modellierung gewisser dort auftretender Phänomene verwenden.[25]

Kowalewskaja hielt die Entdeckung in der Hoffnung auf einen großen mathematischen Preis zunächst geheim und machte sich statt dessen daran, die Lösung des neuen Falles, deren prinzipielle Existenz in Gestalt meromorpher Funktionen sie bewiesen hatte, nun auch explizit zu konstruieren (was ein fast noch schwierigeres Unterfangen darstellte) und ihre Ergebnisse in wettbewerbsfähige und publikationsreife Form zu bringen. Nachdem etliche hervorragende Forscher sich hundert Jahre lang erfolglos darum bemüht hatten, den Fällen von Euler und Lagrange einen weiteren hinzuzufügen oder vielleicht sogar das allgemeine Problem zu lösen, konnte Sonja nun einen neuen Fall präsentieren, für dessen Entdeckung und explizite Formulierung der Lösung sie alle Register der Theorie der Abelschen Integrale hatte ziehen müssen.

Ein anderer Teil ihrer so hochgelobten Arbeit (und daran konnten auch ihre zwei den Bordin-Text vertiefenden und ergänzenden, allerdings ansonsten inhaltsgleichen Publikationen nichts ändern) trug ihr jedoch nicht nur Ruhm, sondern auch viel Ärger ein:

Im Beweis ihrer Behauptung, daß die nunmehr drei Fälle des Kreiselproblems die einzigen durch meromorphe Funktionen lösbaren darstellten, hatte der junge russische Mathematiker Andrej Markow (1856 bis 1922) eine Lücke entdeckt, die er zum Anlaß einer — nur teilweise sachlichen[26] — Kritik an Kowalewskajas gesamter Arbeit zum Kreiselproblem nahm. Erst nach ihrem Tode konnte Markows Kritik durch seinen Kollegen Alexander Ljapunow (1857–1918)[27] entkräftet werden. Kowalewskajas Behauptung trifft zu.

Überhaupt[28] hat sich die „russische Schule" später Kowalewskajas Resultaten sehr angenommen und unter anderem Lösungen für speziellere Fälle des Rotationsproblems[29] oder verallgemeinerte Fragestellungen[30] produzieren können.

Doch Liouvilles Beweis[31], daß sich der allgemeine Fall mit Hilfe von Theta-Funktionen analytisch nicht geschlossen lösen läßt (und nur die Fälle von Euler, Lagrange und Kowalewskaja „algebraisch vollständig integrabel" sind), sowie analoge Ergebnisse für das Dreikörperproblem der Himmelsmechanik führten vor allem zur Herausbildung geometrischer Zugänge zum Kreiselproblem[32] und (allerdings hauptsächlich durch das Dreikörperproblem inspiriert) sogar zur Entwicklung neuer, geometrisch-qualitativ orientierter mathematischer Theorien wie etwa der Symplektischen Geometrie und der Theorie dynamischer Systeme, beides heutzutage zentrale Forschungsgebiete. Unter anderem Blickwinkel wird auch heute dort noch des öfteren auf Kowalewskajas Arbeit zurückgegriffen.[33]

Sie arbeitete noch bis zu ihrem Tode am Kreiselproblem und hoffte, die Gleichungen auch für allgemeine unsymmetrische Kreisel lösen zu können, wobei sie laut Henri Poincaré (1854–1912)[34], dem wohl größten französischen Mathematiker des 19. Jahrhunderts, der zentrale

Beiträge zum Dreikörperproblem leistete, gewisse neue Resultate erzielte, über die sich jedoch mangels Quellen nichts Genaueres mehr aussagen läßt. Ohnehin aber wird ihr Name schon aufgrund des von ihr neu entdeckten Falles in der Geschichte des Kreiselproblems stets an vorderster Stelle rangieren.

*

Die Bewegungsgleichungen für einen Kreisel im Gravitationsfeld lauten

$$A\frac{dp}{dt} + (C - B)qr = Mg(g_0\gamma'' - z_0\gamma')$$

$$B\frac{dq}{dt} + (A - C)rp = Mg(z_0\gamma - x_0\gamma'')$$

$$C\frac{dr}{dt} + (B - A)pq = Mg(x_0\gamma' - y_0\gamma)$$

$$\frac{d\gamma}{dt} = r\gamma' - q\gamma''$$

$$\frac{d\gamma'}{dt} = p\gamma'' - r\gamma$$

$$\frac{d\gamma''}{dt} = q\gamma - p\gamma'.$$

Dabei ist das Rotationszentrum der Ursprung eines raumfesten (X, Y, Z)- und eines körperfesten (x, y, z)-Koordinatensystems, wobei negative Z-Achse und der Vektor $\vec{g}$ der Gravitationsbeschleunigung gleichorientiert sind und die Achsen des körperfesten Systems in Richtung der Hauptträgheitsachsen des Körpers zeigen.

    M bezeichnet die Masse des Körpers, (x_0, y_0, z_0) die Koordinaten des Schwerpunktes, $\gamma, \gamma', \gamma''$ die Richtungskosinus der Z-Achse und p, q, r die Komponenten der Winkelgeschwindigkeit bezüglich des körperfesten Systems, g den Betrag der Gravitationsbeschleunigung und

$$A = \int_V (y^2 + z^2)\rho\, dV, \quad B = \int_V (x^2 + z^2)\rho\, dV, \quad C = \int_V (x^2 + y^2)\rho dV$$

die Hauptträgheitsmomente des Körpers mit Massendichte ρ und Volumen V.

    In dieser Formulierung besteht die Lösung des Kreiselproblems in der Lösung eines Cauchy-Problems für das obige System gewöhnlicher

Differentialgleichungen, also in der Bestimmung von p, q, r, γ, γ', γ'' als Funktionen der Zeit bei gegebenen Anfangswerten.

Im 19. Jahrhundert — zumindest wenn man Weierstraß folgte — bedeutete dies die Reduktion des Systems auf Quadraturen. Für den Fall, daß dabei algebraische Integrale resultierten, ließ sich dann mit Hilfe von Theta-Funktionen mehrerer Veränderlicher (das Jacobische Umkehrproblem war damals bereits im wesentlichen gelöst) zumindest theoretisch eine explizite Lösung konstruieren. Das allgemeine Differentialgleichungssystem besitzt drei algebraische erste Integrale (Konstanten der Bewegung im Sinne der Hamiltonschen Mechanik):

Aus dem Energieerhaltungssatz folgt

$$Ap^2 + Bq^2 + Cr^2 + 2Mg(x_0\gamma + y_0\gamma' + z_0\gamma'') = C_1 = \text{const.},$$

die Elementargeometrie liefert

$$\gamma^2 + \gamma'^2 + \gamma''^2 = 1 = C_2 = \text{const.},$$

und weil die Kraft immer vertikal gerichtet ist, bleibt die Vertikalkomponente des Drehmoments erhalten:

$$Ap\gamma + Bq\gamma' + Cr\gamma'' = C_3 = \text{const.}$$

Das sind allerdings bereits alle ersten Integrale, die das allgemeine System besitzt.

Weil man die Eulergleichungen auch in der Form

$$dt = \frac{dp}{P} = \frac{dq}{Q} = \frac{dr}{R} = \frac{d\gamma}{\Gamma} = \frac{d\gamma'}{\Gamma'} = \frac{d\gamma''}{\Gamma''}$$

schreiben kann, sind nur fünf unabhängige erste Integrale zur Lösung des Systems notwendig; ferner läßt sich mittels eines integrierenden Faktors (Jacobis Multiplikatorenmethode) aus vier unabhängigen ein fünftes konstruieren (dies geht bei algebraischen Integralen meist explizit), so daß damit die Lösung der Gleichungen auf die Bestimmung eines vierten unabhängigen ersten Integrales zurückgeführt ist.

Ein viertes unabhängiges Integral existiert allerdings, wie oben angedeutet, nur in Spezialfällen. Wie Liouville zeigte, ist dieses nur in den drei Fällen von Euler, Lagrange und Kowalewskaja, die wir jetzt kurz besprechen werden, algebraisch.

Im Euler-Fall gilt $x_0 = y_0 = z_0$, Schwerpunkt und Rotationszentrum stimmen also überein. Ein viertes Integral ist in diesem Fall gegeben durch

$$A^2p^2 + B^2q^2 + C^2r^2 = C_4 = \text{const.}$$

Der Lagrange-Fall ist gegeben durch $A = B$, $x_0 = y_0 = 0$, der Körper hat also symmetrisches Trägheitsellipsoid und seinen Schwerpunkt auf der z-Achse. Als viertes Integral findet man

$$r = C_4 = \text{const.}$$

Der Fall $A = B = C$ totaler kinetischer Symmetrie, in dem das Trägheitsellipsoid eine Kugel ist, mit viertem algebraischen ersten Integral

$$x_0 p + y_0 q + z_0 r = C_4 = \text{const.}$$

läßt sich auf den Lagrange-Fall zurückführen.

Kowalewskaja untersuchte nun, in welchen Fällen sich die gesuchten Funktionen p, q, r, γ, γ', γ'' durch in der ganzen komplexen Zahlenebene meromorphe Funktionen darstellen, sich also um jeden Punkt in eine Laurentreihe mit endlichem Hauptteil entwickeln ließen. Indem sie die Zeit als komplexe Variable auffaßte, konnte sie das Rotationsproblem mit funktionentheoretischen Methoden angehen.

Indem sie Entwicklungen der Form $(t' = t - t_0)$

$$p = t'^{-m_1}(p_0 + p_1 t' + p_2 t'^2 + \ldots)$$

$$q = t'^{-m_2}(q_0 + q_1 t' + q_2 t'^2 + \ldots)$$

$$r = t'^{-m_3}(r_0 + r_1 t' + r_2 t'^2 + \ldots)$$

$$\gamma = t'^{-n_1}(f_0 + f_1 t' + f_2 t'^2 + \ldots)$$

$$\gamma' = t'^{-n_2}(g_0 + g_1 t' + g_2 t'^2 + \ldots)$$

$$\gamma'' = t'^{-n_3}(h_0 + h_1 t' + h_2 t'^2 + \ldots)$$

annahm, konnte sie durch Substitution dieser Reihen in die Kreiselgleichungen die Ordnung der Pole zu $m_1 = m_2 = m_3 = 1$ und $n_1 = n_2 = n_3 = 2$ bestimmen und Relationen zwischen den Koeffizienten der Gleichungen erhalten. Mit deren Hilfe bewies sie nicht ganz akkurat (was Markow dann zum Ausgangspunkt seiner Kritik nahm), aber letztendlich eben doch korrekt, daß sich das Rotationsproblem außer in den Fällen von Euler und Lagrange nur noch in einem weiteren Fall durch in ganz $\mathbb{C}$ meromorphe Funktionen lösen ließ, und zwar im Fall

$$A = B = 2C , \; z_0 = 0$$

mit dem vierten algebraischen ersten Integral

$$(p^2 - q^2 - c_0\gamma)^2 + (2pq - c\gamma') = C_4 = \text{const. mit } c_0 = \frac{Mgx_0}{C}.$$

Dieses Integral und die explizite Lösung erhielt sie wie folgt: Durch geeignete Wahl der zu A und B gehörigen Achsen sowie der Einheitslänge läßt sich erreichen, daß $y_0 = 0$ sowie $A = 2 = B$, $C = 1$ gilt. Mit $c_0 = Mgx_0$ werden die Eulergleichungen zu

$$2\frac{dp}{dt} = qr \qquad \frac{d\gamma}{dt} = r\gamma' - q\gamma''$$

$$2\frac{dq}{dt} = -pr - c_0\gamma'' \qquad \frac{d\gamma'}{dt} = p\gamma'' - r\gamma$$

$$\frac{dr}{dt} = c_0\gamma' \qquad \frac{d\gamma''}{dt} = q\gamma - p\gamma'.$$

Die drei bekannten Integrale lassen sich dann schreiben als

$$2(p^2 + q^2) + r^2 = 2c_0\gamma + 6\ell_1$$
$$2(p\gamma + q\gamma') + r\gamma'' = 2\ell$$
$$\gamma^2 + \gamma'^2 + \gamma''^2 = 1,$$

wobei ℓ und ℓ_1 Integrationskonstanten bedeuten.

Das vierte algebraische erste Integral fand Kowalewskaja (in komplexer Form) zu

$$[(p + qi)^2 + c_0(\gamma + i\gamma')][(p - qi)^2 + c_0(\gamma - i\gamma')] = C_4 \geq 0.$$

Nach mehreren algebraischen Umformungen, die dazu dienten, die Integrale und Gleichungen in eine für Thetafunktionen applizierbare Form zu bringen, erhielt sie die Gleichungen

$$0 = \frac{ds_1}{\sqrt{R(s_1)}} + \frac{ds_2}{\sqrt{R(s_2)}}$$
$$dt = \frac{s_1 ds_1}{R(s_1)} + \frac{s - 2ds_2}{R(s_2)},$$

wobei $R(s)$ ein Polynom fünften Grades und s_1, s_2 Polynome in $p + qi$ und $p - qi$ sind. Diese Gleichungen implizieren, daß sich s_1 und s_2 als Quotienten von Thetafunktionen, deren Argumente lineare Funktionen der Zeit sind, ausdrücken lassen.

Damit ist das Problem im Prinzip gelöst.

Doch Kowalewskaja gab sich damit nicht zufrieden und verwandte weitere 50 (!) Seiten mühseliger und komplizierter Rechnungen darauf, die Lösungen explizit anzugeben. Aus heutiger Sicht sind diese jedoch wohl in erster Linie als Beispiel virtuoser Rechenkunst anzusehen, wie sie wohl für die Mathematik des 19. Jahrhunderts exemplarisch war, auf deren Darstellung wir hier aber verzichten können.

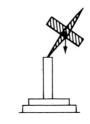

Schematische Darstellungen der drei den Fällen von Euler, Lagrange und Kowalewskaja entsprechenden Kreisel.

Letzte Jahre in Stockholm (1889–1891)

In der schwedischen Hauptstadt begann für Sonja der alte Trott: ihre Vorlesungen, Gesellschaften und Soireen, Mittag-Leffler und Ellen Key. Anne-Charlotte Leffler ging 1890 nach Neapel: Eine Lücke blieb. Um Tochter Fufu kümmerte die Mutter sich jetzt mehr.

War die Literatur ein Ausweg für sie? Mittag-Leffler hat gesagt, Literatur habe ihr dazu gedient, weite Kreise zu erreichen und nicht nur eine kleine Zahl von Spezialisten wie durch ihre enigmatische Wissenschaft.[1] Insofern würde die Literatur auch zu ihren „sozialistischen" Ideen passen. Georg Vollmar hat bezeugt, daß sie zwischen Literatur und Mathematik hin- und hergerissen war und daß sie ohne das eine so wenig wie ohne das andere leben konnte.[2]

„Viele, die Mathematik nicht näher kennen, verwechseln sie mit Arithmetik und halten sie für eine trockene und langweilige Wissenschaft. In Wirklichkeit verlangt diese Wissenschaft die größte Einbildungskraft. Einer der bekanntesten Mathematiker unseres Jahrhunderts (gemeint ist Weierstraß; Vf.) hat ganz richtig gesagt, daß es unmöglich ist, ein Mathematiker zu sein, ohne die Seele eines Dichters zu haben ...

Was mich betrifft, so habe ich nie entscheiden können, was für mich attraktiver ist: Mathematik oder Literatur. Sobald mein Geist der rein abstrakten Spekulationen müde ist, wendet er sich sofort der Beobachtung des Lebens zu, dem Zwang wiederzugeben, was ich sehe. Und umgekehrt scheint mir manchmal alles im Leben unwichtig und uninteressant, und nur die ewigen, unwandelbaren Gesetze der Wissenschaft ziehen mich an. Es ist sehr gut möglich, daß ich auf einem der beiden Gebiete mehr erreicht hätte, wenn ich mich ihm ausschließlich zugewandt hätte, gleichzeitig kann ich aber keines von beiden einfach aufgeben."[3]

Was sie in den verbleibenden anderthalb Jahren bis zu ihrem Tode literarisch noch schuf, blieb Stückwerk. Die *Jugenderinnerungen* waren veröffentlicht, aber sie arbeitete für weitere fremdsprachige Ausgaben noch Passagen nach.[4] *Die Nihilistin* blieb unvollendet, bei ihrem Tode mußte man aus zwei Fassungen eine zusammenbasteln.[5]

Schon 1888 sind zwei Aufsätze über Pariser Krankenhäuser entstanden, La Charité und La Salpêtrière, in denen mit Hypnose gearbeitet wurde, wofür sie sich interessierte. Von 1889 datieren die Essays über den Satiriker Saltykow-Schtedrin und George Eliot, 1890 der über die Heimvolkshochschule in Zentralschweden, der in Rußland viel Erfolg hatte.[6] Sieben Prosaskizzen sind nach ihrem Tode ans Licht gekommen, darunter die sehr hübschen *Schwedischen Impressionen.* Ansonsten jede Menge Fragmente und Pläne, eine Féerie, ein Roman *Der Nihilist.* *Vae Victis, Romanze an der Riviera, Les revenants,* die Überarbeitung des *Privat-Docent, Wenn es keinen Tod mehr gibt* — alles angefangen und wieder fallengelassen.[7]

Unter dem 19. Januar 1884 hatte sie einmal aus Stockholm an Marie Mendelson geschrieben:

„Nach meiner jetzigen Berechnung werde ich wohl noch fünf Jahre brauchen, um meine Beschäftigung hier zu einem guten Ende zu führen. Aber in diesen fünf Jahren werden hoffentlich mehrere Frauen so weit sein, um meine Stellung einzunehmen, und ich selbst könnte dann anderen Eingebungen meiner Zigeunernatur folgen. Erst dann, teure Freundin, könnten wir uns irgendwo wieder treffen. Aber um Himmels willen rechnen Sie nicht auf dieses Wagnis vor jener Zeit.“[8]

Die Zeit war um, aber was war aus den erwähnten Hoffnungen geworden, wo war das angepeilte Ziel der Freiheit?

Im Frühjahr 1890 fuhr sie erneut zu Maxim an die Riviera, und erneut gab es stürmische Szenen. Im Mai reiste sie — es war ihr letzter Heimataufenthalt — mit der Tochter nach Rußland. Erfolglos blieben ihre Demarchen, Mitglied der Akademie zu werden. (Immerhin war sie seit 1889 Korrespondierendes Mitglied, und auch das hatte Tschebyschew genug Mühe gekostet.) Im Juni unternahm sie eine Reise quer durch Westeuropa, zusammen mit Maxim, und diese Reise beglückte sie außerordentlich. Sie besuchten Amsterdam, Mainz, Heidelberg, Baden-Baden, Zürich, Davos, St. Moritz, Bellagio. Es wurde ihre Abschiedstour.

Im September 1890 war sie zurück in Stockholm.[9]

Die letzten Rendezvous mit Maxim Kowalewskij hatten Anne-Charlotte Lefflers brutale, klassisch-tragische Prognose bestätigt: Sie konnte weder mit ihm noch ohne ihn leben.[10] Wie es weitergehen sollte, wußte sie nicht. Sie fühlte sich nutzlos, abgestorben. Der eigentliche Tod kam dann eher zufällig, als „ein Stück sinnloser Torheit.“[11]

Das Weihnachtsfest 1890 verbrachte sie mit Maxim in Südfrankreich und Italien. Die Rückreise führte sie über Paris und Berlin. Der Klimawechsel bescherte ihr eine Erkältung, die sie verschleppte. Typischer Gesellschaftsmensch, der sie war, schaffte sie es, auch Freunden gegenüber ihren Zustand zu überspielen, so daß sie gesund und frisch aussah: „Sie stand in der Blüthe ihrer 38 (sic!) Jahre, war ein Bild strotzender Gesundheit, voll von wissenschaftlicher und künstlerischer Schaffenskraft, voll von weit aussehenden Plänen für die Zukunft.

Ihr Wesen war so lebhaft und bezaubernd, ihre Unterhaltung so sprudelnd geistvoll, ihre Freundschaft so reich als jemals. Heiter und lachend trennten sich die Freunde ...“[12]

Doch ihre Rückreise nach Stockholm gestaltete sich zu einem „Alptraum der Irrungen“.[13] Die in den alltäglichsten Verrichtungen oft manisch hilflose Frau[14] reiste auf Umwegen durch Dänemark, weil sie vor den Windpocken, die in der Hauptstadt Kopenhagen grassierten, Angst hatte. Das bedeutete, mehrfach mitten in der Nacht umzusteigen, und da sie kein dänisches Geld für Gepäckträger hatte, mußte sie ihre Koffer selbst durch den strömenden Regen schleppen.

In Stockholm kam sie ernsthaft krank an, hielt aber am Freitag, 6. Februar 1891 ihre Vorlesung ab und ging abends noch auf eine Gesellschaft zu den Gyldéns. Erst am Samstag legte sie sich zu Bett. Sie phantasierte von mathematischen und literarischen Plänen. Eine falsch diagnostizierte Lungenentzündung[15] oder Rippenfellentzündung[16] führte innerhalb von drei Tagen zum Tode. Mutter und Tochter Gyldén und Ellen Key pflegten sie. Fufu zeigte noch ihr Karnevalskostüm — als Zigeunerin ...

Am Dienstag, 10. Februar 1891, schrieb Fufu an Lermontowa: „Liebe Mama Julia! Gestern abend nahm Mama etwas Morphium, und ich durfte sie nicht sehen. Frau Gyldén war bis 7 Uhr bei Mami, als sie ging und sagte, daß es ihr besser gehe und sie so ruhig sei. In der Nacht wurde es aber viel schlechter. Man schickte nach Frau Gyldén, und sie kam und weckte mich auf. Ein bißchen später begann Mami, schlimm zu stöhnen, und ganz plötzlich hörte sie auf zu atmen. Ich habe gar nicht bemerkt, wann es geschah.

Ich bin nun bei den Gyldéns im Haus. Ich möchte, daß Du ganz bald kommst. Ich bin so traurig.“[17]

Kowalewskajas letzte Worte sind überliefert: *„Zuviel Glück.“*

Maxim Kowalewskij, dem Mittag-Leffler dringend telegraphiert hatte, kam nicht mehr rechtzeitig, um sie noch lebend anzutreffen. Dafür hielt er ihr eine ergreifende Grabrede. Ellen Key: „Der Tod gab ihr auch, was das Leben ihr nicht geben konnte: den ersten Platz in der Erinnerung und dem Dasein des Überlebenden.“[18] Ob eine Heirat für 1891 wirklich ins Auge gefaßt war[19], steht dahin. Maxims 1890 erschienenes Buch über Ursprünge und Entwicklung der Familie und des Eigentums war ihr gewidmet, auch in der russischen Ausgabe, die 1895, vier Jahre nach ihrem Tode, herauskam.[20]

Auch Mittag-Leffler sprach am offenen Grab und verfaßte den Nachruf für die „Acta“.[21] Sein Bruder Fritz schrieb ein langes Lobgedicht auf die Verstorbene, in dem er ihre Werke mit Ewigkeitsgedanken verknüpfte:

Feuerseele, voll Gedanken
Lichtete dein Luftschiff Anker,
Jene Räume zu durchwandern,
Wo du in den klaren Nächten,
Wenn am dunkelblauen Himmel
Der Saturnus-Ring erstrahlte,
Oft verweilt, um der Gestirne
Lauf und Ursprung zu ergründen?

Ob in jenen Regionen
An der Ewigkeit Gestade
Analytische Funktionen
Dich die Antwort finden ließen?

Ehmals sahst du aus den Höhen
Lichte Strahlen niedergleiten,
Am Krystallgrund sich zu brechen —
Wie erblickst du sie wohl heute?
Wendest du den Blick nach unten,
Aus dem Lichte auf das Dunkel
Und die Trübsal dieser Erde?

Hier auch sahst du oft entbreitet,
In den Stunden sel'gen Hoffens,
Sternenhelle Ätherweiten,
Den krystallnen Grund der Liebe.

Feuerseele voll Gedanken,
Fandst du nun der Liebe Anker?

*

Lebe wohl, hab' Dank! O möge
Deinen jungen Leib die Erde,
Die ihn aufnahm, nicht beschweren!
So lang zwischen lichten Welten
Sich Saturn bewegt, und Menschen
Noch auf unserem Sterne leben,
Wird man deinen Namen nennen
Als der großen Seelen eine.[22]

Unter den Bergen von Kränzen war einer aus Lorbeerblättern mit weißen Kamelien. Auf der weißen Schleife stand: „Für Sonja von Weierstraß".[23] Und Ellen Key notierte später:

„Unter den rauschenden Fichten auf dem schwedischen Friedhof fand Rußlands große Tochter ihre letzte Ruhe — die Ruhe, die ihr immer herrlicher erschienen war als selbst die herrlichsten Gaben des Lebens. Aber der Denkstein auf dem Grabe ist von Rußlands Studentinnen und Frauen der Wissenschaft errichtet."[24]

Die Freunde und Bekannten Kowalewskajas rissen sich nach deren Tode förmlich darum, sich der verwaisten Tochter anzunehmen — außer Sonjas eigenem Bruder Fedor, wie gesagt werden muß, den das betrübliche Kasinoschicksal eines Lebemanns und Spielers ereilt hatte. Wladimirs Bruder Alexander wurde der gesetzliche Vormund. Aber sie lebte noch eine Zeitlang bei den Gyldéns, später viel bei Julia Lermontowa. Sie studierte Medizin und wurde Ärztin. 1952 starb sie, ein Jahr nach den russischen Feierlichkeiten zum 60. Jahrestag des Todes ihrer Mutter. Mathematisch war sie völlig unbegabt.[25]

Was bleibt?

Das Nachleben der Sofia W. Kowalewskaja ist auf eine schemenhafte Weise grau und unscheinbar geblieben. Bald nach ihrem Tod erschien das Erinnerungsbuch von Anne-Charlotte Leffler, das gerade von Zeitgenossen auch kritisch betrachtet wurde.[1] Es folgte die Edition der *Nihilistin* im gleichen Jahr 1892. Ellen Key und Georg Brandes haben einfühlsam über sie geschrieben. Malewitsch publizierte seine Erinnerungen schon 1890, Sophie von Adelung ihre wertvollen Dokumente 1896, wenn auch oft besserwisserisch kommentiert. Litwinowas Biographie, die erste ihrer Art, kam 1894 heraus. Erst ganz spät, 1923, wenige Jahre vor seinem eigenen Tod, machte Mittag-Leffler etliche Briefe von Weierstraß an Sonja publik.

Es gab aber auch schon von Anfang an die andere Strömung, die in erster Linie nicht dokumentieren, sondern werten wollte, bemerkbar schon bei der Kusine Sophie von Adelung: die Kritik an der Frau, die sich übernommen habe und besser daran getan hätte, sich nicht so in der Öffentlichkeit zu profilieren und dadurch ihre „eigentliche Berufung als Frau" zu versäumen. So geschah es schon in dem Aufsatz von Barine, und am ausgeprägtesten findet sich diese Haltung in jenem unsäglichen Buch der Frau Laura Marholm, wo es nach dem Motto: „Des Weibes Inhalt ist der Mann" über Kowalewskaja heißt:

„Sie war doch Weib, Weib trotz allem . . ., das Weibchen, das durch die Wälder rennt mit dem klagenden Ruf nach dem Gatten", oder, als letztes abschreckendes Beispiel, wenn Marholm über die sechs Gestalten ihres „Buches der Frauen" sagt: „Und alle diese sechs Frauen . . . standen vor der zugeschlagenen Thür ihres inneren Heiligtums und hörten den Gottesdienst der Mysterienfeier herausklingen und bebten in sterilen Schauern und schmachteten nach den belebenden Wonnen, von denen sie sich selbst ausgeschlossen. Einige sprengten die Thür und gingen hinein und wurden wieder des Mannes. Andere blieben draußen."[2] Zu letzteren gehörte natürlich Sonja, zu ersteren angeblich Anne-Charlotte.

Auch die beiden Romane von Hofer und Rachmanowa haben mehr verkitscht als zur Wahrheitsfindung beigetragen, und der sensible Film des Bergman-Schülers Lennart Hjulström „Ein Berg auf der Rückseite des Mondes" (1983) ist ein eindrucksvolles Kammerspiel von Leuten, die daran zerbrechen, nicht geliebt zu werden, mischt aber viel dichterische Freiheit in den biographischen Rahmen.

Der Buchmarkt neigt bezeichnenderweise dazu, Sonjas literarische Werke ins Beschauliche abzudrängen: Die deutsche Erstausgabe der *Nihilistin* erschien 1896 im Verlag „Wiener Mode", der auch entsprechende Hefte verkaufte. Das Cover der Insel-Ausgabe der *Jugenderinnerungen* (1968 ff.) wiederum erinnert an Puppenstube und Sarah Kaye: niedlich, aber harmlos, sozusagen für bibliophile Mußestunden vor dem Schlafengehen.

In den letzten Jahren ist aber auch ernsthafte Lebensforschung publiziert worden, von Kotschina, Kennedy, Koblitz, Stillman; Kotschina und Cooke haben ihr mathematisches Werk untersucht und zum Teil sehr ausführlich referiert und kommentiert. Doch im Bewußtsein einer irgendwie gearteten Öffentlichkeit ist sie nicht zu finden, der breiten sowieso nicht, aber auch nicht der historiographischen[3], und selbst im mathematischen Bereich, ihrer eigentlichen Profession, in der sie zu Lebzeiten große Triumphe feiern konnte, ist Kowalewskaja heutzutage eher unbekannt.

Ihre Stellung in der Mathematik bedarf allerdings einiger zusätzlicher Bemerkungen. Daß die damaligen Mathematiker, vielleicht mit Ausnahme von Markow und einigen nicht weiter ernst zu nehmenden Frauenfeinden, eine hohe Meinung von ihrem mathematischen Können hatten, ist gewiß — daß sie kein Titan war wie Weierstraß, war ihnen allerdings ebenso bewußt.

Obwohl man auf den ersten Blick meinen könnte, Kowalewskaja habe sich hauptsächlich mit Fragestellungen aus dem Gebiet der mathematischen Physik beschäftigt, bestand ihr Hauptarbeitsgebiet, vor allem ihr Rüstzeug, jedoch tatsächlich in der Theorie der Abelschen Integrale und der Funktionentheorie Weierstraß' (womit wir nicht „Funktionentheorie I", sondern die damalige komplexe Analysis meinen); beides waren komplizierte, damals in stürmischer Entwicklung begriffene und deshalb auch äußerst schwer erlernbare Theorien, die sie meisterhaft und höchst originell auf so unterschiedliche und vielfältige Problemstellungen wie z.B. Existenzfragen für Systeme partieller Differentialgleichungen, die Gestalt der Saturnringe und das Kreiselproblem anzuwenden verstand.

Zwar waren viele der Probleme, die sie anging, durch physikalische Fragestellungen motiviert, doch zum Zeitpunkt der Inangriffnahme durch Kowalewskaja waren sie bereits vollständig mathematisiert, das heißt in ein rein mathematisches Problem umgewandelt worden. Nichtsdestoweniger ließ dies immer noch physikalische Interpretationen zu, und diese sowie ihr eigenes physikalisches Wissen boten Kowalewskaja eine zusätzliche Intuitionsquelle. Ihre spätere Mechanikprofessur war für sie aber eher ein Brotberuf; sie war an eigentlicher physikalischer Forschung nicht interessiert.

Schon ihrer Dissertationsschrift, die das Cauchy-Kowalewskaja-Theorem enthielt, wurde die Ehre zuteil, in einer Ausgabe des renommierten „Crelle-Journals" auf Seite 1 ff. erscheinen zu dürfen, später stand sie mit bedeutenden Mathematikern aus halb Europa in Kontakt (dabei eifrig den Ruhm ihres Lehrers Weierstraß singend), fungierte als Editorin der angesehenen „Acta Mathematica", erhielt als überhaupt erste Frau eine Professur für Mathematik und dann auch noch für Physik, wurde korrespondierendes Mitglied der Russischen Akademie der Wissenschaften und errang internationalen Ruhm und zusätzliche Reputation als souveräne Kennerin des Kreiselproblems durch meromorphe Funktionen — und das alles trotz vieler materieller und privater Probleme, die sie in diesem Zeitraum zu bewältigen hatte, trotz fünfjähriger Unterbrechung ihrer mathematischen Tätigkeit, trotz einer insgesamt kurzen Lebensspanne, trotz des Zwanges, als einzige Frau in einer reinen Männerdomäne alles immer zweihundertprozentig machen zu müssen, usw.

Und was ist von alledem geblieben?

Ein heutiger durchschnittlicher (also in Mathematikgeschichte, erst recht in Kowalewskajas Vita, nicht sonderlich bewanderter), nichtsdestoweniger (?) gut und breit ausgebildeter Mathematiker hat während seines Hauptstudiums wahrscheinlich auch eine Vorlesung über partielle Differentialgleichungen gehört und weiß daraus eventuell, daß es für gewisse analytische Differentialgleichungen einen Existenz- und Eindeutigkeitssatz gibt, der auf Kowalewskaja (und Cauchy) zurückgeht. Hat er darüber hinaus Physik studiert und verfügt dort entweder im Rahmen der theoretischen Mechanik über fundiertere Kenntnisse der Kreiseltheorie oder sogar über Spezialwissen aus der Theorie stationärer Strömungen, oder hat er sich im Hauptstudium der Mathematik speziell mit (algebraisch) vollständig integrablen Systemen beschäftigt, so kennt er ferner noch den „Kowalewskaja-Kreisel".

Innerhalb der heutigen Mathematik und Physik besitzt sie folglich keinen großen Bekanntheitsgrad. Eine gewisse Bekanntheit bedarf übrigens nicht notwendig des Genies eines Laplace oder Weierstraß; das ihr versagte „Glück", Theoreme oder Methoden zu entdecken, die Eingang in die Anfängervorlesungen finden, reicht dazu bereits völlig aus.

Und wie steht es aus heutiger Sicht um ihre mathematikgeschichtliche Relevanz?

In die Reihe der allergrößten Mathematiker des 19. Jahrhunderts läßt sie sich nicht stellen; allein schon deshalb nicht, weil sie es im Gegensatz zu diesen nicht schaffte, eine, wenn auch vielleicht entlegene, so doch bedeutende mathematische Theorie mitzugründen oder zu initiieren. In ihrem Tun blieb sie — wie die allermeisten — auf eine gewisse Weise epigonal, nämlich immer im Rahmen bereits vorgefundener

Theorien. „Epigonal" blieb sie auch insofern, als sie sich — vielleicht mit Ausnahme der Saturnarbeit — kein Thema, auch nicht für die späteren Arbeiten, selbst suchte, sondern die Anregung — und meist sogar die gesamte Fragestellung — immer von Weierstraß stammte!

Doch außerdem blieb sie — was anderen erspart bleibt — fragmentarisch: Ihr Talent verwandte sie nicht ausschließlich auf Fragestellungen einer bestimmten Disziplin, sondern eine Vielzahl von Einzelphänomenen, die aus den verschiedensten Gebieten stammten: partielle Differentialgleichungen, Saturnringe, Lamégleichungen, Kreiselproblem. Mit diesem „Stückwerk" ließ sich keine Schule gründen, was sie ansonsten in Stockholm vielleicht vermocht hätte; um auf allen Gebieten Zentrales zu leisten, fehlte ihr das Genie, und so war in ihrem Fall das Ganze weniger als die Summe seiner Teile. Immerhin war eines dieser Einzelresultate bedeutend genug, ihr einen Platz in jeder Mathematikgeschichte zu sichern: Das Cauchy-Kowalewskaja-Theorem ist heute noch zentral für die Theorie (analytischer) partieller Differentialgleichungen.

Ihrem zweiten bedeutenden, zu Lebzeiten regelrecht gefeierten Resultat, der Entdeckung des „Kowalewskaja-Falles" des Kreiselproblems, war historisch weniger Erfolg beschieden. Es wurde das Opfer eines Paradigmenwechsels: Die heutige Mathematik interessiert sich mittlerweile weitaus mehr für möglichst allgemeine und universelle Aussagen (wie einen Existenzsatz für Systeme partieller Differentialgleichungen) als für so spezielle Fragen wie das genaue Bewegungsverhalten eines spezifischen Kreiselmodells. „Mathematische Nixen" wie das bis heute ungelöste Fermat-Problem gibt es allerdings immer noch, so vor allem in der Zahlentheorie. Das für Kowalewskaja damals eher sekundäre Resultat, daß ihr neuer Fall bereits den letzten der damit genau drei in der Klasse der meromorphen Funktionen lösbaren Fälle darstellt (allerdings ist das Konzept der „Funktionenklassen" jüngeren Datums), hätte heute einen größeren Stellenwert als die Spezifizierung der genauen Gestalt der Lösung, die bei Kowalewskaja 80% der Arbeit am Kreiselproblem einnahm ... Immerhin spielt der „Kowalewskaja-Kreisel", wie berichtet, immer noch (beziehungsweise wieder) eine gewisse, wenn auch bescheidene Rolle in der modernen Physik und Mathematik.

Doch neben der Lösung des Kreiselproblems und der Formulierung des Cauchy-Kowalewskaja-Theorems kommt ihr noch aus einem weiteren — weniger gewichtigen, aber dennoch erwähnenswerten — Grund mathematikgeschichtliche Bedeutung zu:

Durch ausführliche Darstellungen und das Zitieren Weierstraßscher Resulate (die dieser oft erst Jahrzehnte später selbst veröffentlichte!) in ihren eigenen Publikationen, besonders aber durch ihr Pendeln zwischen Ost und West, Nord und Süd und das große Interesse, das man ihr überall wegen ihrer eigenen Reputation und nicht zuletzt ihrer stets aktuellen Informationen über neue mathematische Entwicklungen entgegenbrachte, trug sie maßgeblich zur Verbreitung und Anerkennung der Weierstraß-Schule und der Weierstraßschen Funktionentheorie bei, so vor allem in Rußland, wo die „deutsche abstrakte Analysis" damals noch sehr argwöhnisch betrachtet wurde.

Für die Evaluierung ihres mathematikgeschichtlichen Stellenwerts müssen selbstverständlich ihre eigenen Resultate (und deren Tragweite) ausschlaggebend bleiben, und so läßt sich zusammenfassend konstatieren: Sie war zwar keine ganz große, aber dennoch eine große Mathematikerin ihrer Zeit — doch ihr Werk war zu fragmentarisch, um bekannt zu bleiben.

Und warum blieb sie in der „allgemeinen Öffentlichkeit" unbekannt?

War es fehlende Offenheit über ihr Inneres, was Weierstraß einmal beklagte[4], die dazu führte, daß sie ungreifbar wurde und damit auch uninteressant? — Mag sein, aber gerade ungreifbare Personen können faszinieren und zu andauernder Beschäftigung anregen. Außerdem wissen wir genug von ihrem Inneren, um ein, wie wir hoffen, einigermaßen nachvollziehbares Bild entworfen zu haben.

Ist die zum Teil schlechte Quellenlage schuld? Die Briefe an Hermite sind bei Picard verbrannt, die an Weierstraß hat der Empfänger selbst vernichtet, die an Maxim Kowalewskij sind ein Opfer der Russischen Revolution geworden. — Aber es ist genügend anderes Material überliefert, ihr Tagebuch, Briefe an ihren Mann Wladimir Kowalewskij und dessen Bruder Alexander, an Anjuta, Anne-Charlotte Leffler, Gösta Mittag-Leffler oder Marie Mendelson. An der Quellenlage kann es also auch nicht liegen.

Wir kommen dem Rätsel auf die Spur, wenn wir den Widersprüchen ihrer Person folgen: Sie sagt, sie sei schon als 6jährige in der Liebe gescheitert gewesen als junge Männer[5] — aber sie scheitert in ihren Beziehungen zu Wladimir und Maxim und klagt leitmotivartig über die fehlende Liebe in ihrem Leben.[6] Sie kann sich nicht entscheiden, ob sie eher Mathematikerin ist oder eher Dichterin. Sie schwärmt für die sozialistische Gemeinschaft aller Menschen — aber sie ist nie aus dem adlig-großbürgerlichen Milieu und der „Gelehrtenrepublik" herausgekommen; das „gemeine Volk" hat sie, die „Geistesaristokratin"[7], in Gestalt von Bediensteten kennengelernt. Sie löst einige der schwierigsten mathematischen Probleme ihrer Zeit — aber sie kann nie ihr Haushaltsgeld addieren. Sie ist eine begabte Hochschuldozentin — aber sie kommt mit der Erziehung der eigenen Tochter eher schlecht als recht zu Rande. Und vor allem — und damit hat Barine für dieses

eine Mal recht: „Sie litt darunter, ohne Führer und Unterstützung zu
sein, verurteilt durch den ironischsten aller Zufälle, die Herrschaft der
unabhängigen ... Frau einzuläuten, wo sie doch bis zur Lächerlichkeit
ängstlich und praktisch völlig unfähig war."[8]

Warum und zu welchem Ende studierte Kowalewskaja Mathematik? Wir wissen, daß nihilistisch gesonnene russische Frauen der 60er
Jahre des 19. Jahrhunderts ihre Emanzipation über eine höhere Bildung erreichen wollten, im besten Falle also über ein Universitätsstudium im Ausland. Intellektuelle Frauen aus diesem Kreise betätigten
sich schriftstellerisch (Anjuta), studierten Jura (Ewreinowa), Medizin
oder Chemie (Lermontowa). Sonja aber entschied sich für die Mathematik (ihr *„Lieblingsstudium"*[9]). Mathematik aber war jene am meisten vergeistigte, zu den höchsten Graden der Abstraktion entwickelte
hermetische Kunst, und Erfolge gerade hier konnten am eklatantesten
die Fähigkeiten des „weiblichen Gehirns" unter Beweis stellen, wie sie
Sonja gegenüber Herbert Spencer so nachdrücklich vertrat. Waren in
Petersburg noch physiologische und anatomische Kurse Teil ihres Studiums und in Heidelberg solche aus der Physik, so konzentriert sich
mit der Entscheidung für Berlin und Weierstraß ihre Tätigkeit immer
ausschließlicher auf die Mathematik. Indem sie ihrer Begabung und
Neigung für diese Disziplin so entschlossen nachgab, profilierte sie sich
im Kreise ihrer Geschlechtsgenossinnen besonders beeindruckend: Sie
ging sozusagen das „größte Wagnis" ein — bis hin zum Griff nach einer
Professur.

In der Entscheidung für die professionelle Mathematik aber in erster Linie ein Instrument für die Selbstbefreiung der Frau zu sehen,
griffe bei Kowalewskaja zu kurz. Im Gegenteil: Was soll man von einer
Frauenrechtlerin halten, die, in einem Brief an Wladimir, allen Ernstes
erklärt: *„Du schreibst, und das ist ganz richtig, daß niemals eine Frau
irgendetwas zustandegebracht hat."*[10] Ihr frauenrechtlerisches Engagement ist immer stärker eine Funktion ihres ausgeprägten Individualismus gewesen als ein gesellschaftspolitisch empfundener Auftrag. Es
waren eher Freunde aus ihrer unmittelbaren Umgebung, die die höhere Frauenbildung a k t i v betrieben: Strannoljubskij, Darboux und
Maxim Kowalewskij.

Mathematik war für die sanguinische, aktionistische und oft tief
verunsicherte Frau mit ihren Beziehungsproblemen immer wieder der
Fluchtpunkt aus den Unbilden des Lebens, aus privaten und gesellschaftlichen Belastungen. Führen wir uns vor Augen, was Bertrand
Russell 1907, also nur 16 Jahre nach Sonjas Tod, seiner Wissenschaft
nachrühmte, und wir haben jenes gelobte Land reiner Abstraktion vor

uns, das Kowalewskaja half, die Turbulenzen ihres inneren und äußeren Lebens auszutarieren.

„Das wirkliche Leben ist für die meisten Menschen eine endlose Folge der zweitbesten Lösungen und der geringeren Übel, ein beständiger Kompromiß zwischen dem, was ideal wäre, und dem, was möglich ist; in der Welt der reinen Vernunft aber gibt es keine Kompromisse, keine praktischen Unmöglichkeiten, keine Schranken für die schöpferische Aktivität, in deren großartigen Gedankengebäuden sich das leidenschaftliche Streben nach Vollkommenheit manifestiert, dem alle wirklich großen Kunstwerke entsprungen sind. Abseits vom Drange der Begierden und abseits von all diesen erbärmlichen Naturtatsachen ist hier (in der Mathematik; Vf.) über Generationen hinweg ein wohlgeordneter Kosmos geschaffen worden, in dem das reine Denken sich zuhause fühlt . . .

Die Kontemplation dessen, was außermenschlich ist, die Entdeckung, daß unser Geist Dinge bewältigen kann, die nicht von ihm geschaffen worden sind, und vor allem die Einsicht, daß es nicht nur in unserem Inneren, sondern auch außerhalb von uns Schönheit gibt, geben uns die Mittel an die Hand, mit deren Hilfe es möglich ist, jenes schreckliche Gefühl der Ohnmacht, der Hilflosigkeit, des Ausgesetztseins inmitten feindseliger Mächte zu überwinden . . . Uns die schreckliche Schönheit des Schicksals zu zeigen und uns so mit ihm zu versöhnen . . . ist die Aufgabe der Tragödie. Aber die Mathematik führt uns noch einen Schritt weiter, aus dem Bereich des Menschlichen hinaus in den der absoluten Notwendigkeit, dessen Gesetzen nicht nur die wirkliche, sondern jede mögliche Welt gehorchen muß — und gerade hier können wir uns einrichten, finden wir eine Behausung für uns, wo unsere Ideale erfüllt und die Gesten unserer Hoffnungen nicht enttäuscht worden sind."[11]

Der Reiz der Mathematik lag für Sonja nicht nur in der kühlen Majestät ewiger Gesetze, sondern, wie für Russell, dadurch auch in ästhetischer Qualität. Schon als Kind betrachtete sie Mathematik eher poetisch.[12] Und von Weierstraß stammt das schöne Wort: „Das Höchste in unserer Wissenschaft erreicht nur der, der zugleich in gewissem Grade Poet ist, dichterischen Seherblick und Schönheitsgefühl besitzt."[13] Auch dies hat Russell mit der ihm eigenen Meisterschaft formuliert.

„Was die Mathematik — recht besehen — auszeichnet, ist nicht nur ihre Wahrheit, sondern daneben auch ihre erhabene Schönheit — eine kalte und strenge Schönheit, wie die klassischen Skulpturen, frei von jedem Appell an unsere menschlichen Schwächen und frei von der sinnlichen Pracht der Malerei und Musik, von einer sublimen Reinheit und einer kompromißlosen Vollkommenheit, wie man sie nur bei den all-

ergrößten Kunstwerken findet. Jenes Außersichgeraten, die Verzückung,
bei der man das Gefühl hat, man wäre jetzt mehr als bloß ein Mensch
(und die das sicherste Kennzeichen alles Vollkommenen ist), begegnet
einem in der Mathematik nicht weniger oft als in der Poesie."[14]

Und in eben diesem Punkt treffen sich Kowalewskajas mathematische und literarische Betätigungen: Beide haben in einem ausgeprägten
Sinn für ästhetische Gestaltung ihre gemeinsame Quelle. In ihren individuellen Ausprägungen aber kontrastieren sie: die Unwandelbarkeit ab-
strakter Folgerichtigkeit einerseits und der Bann sprachlicher Fixierung
der menschlichen Unwägbarkeiten andererseits. Nur in diesem dialekti-
schen Verhältnis wird man das richtige Verständnis für Kowalewskajas
geistige Doppelbegabung aufspüren können.

Nehmen wir nun ihre Gesamtpersönlichkeit noch einmal unter das
Brennglas:

Klein, zierlich, äußerlich eher nachlässig, fast unscheinbar, keine Schönheit, aber mit leuchtenden (kurzsichtigen) Augen, war sie ein
ausgesprochener Stimmungsmensch, der zwischen Träumerei und Im-
pulsivität hin- und herschwankte. Daraus erwuchs jener Kontrast von
Naivität und Ernst, der den „kleinen Spatz", wie sie bei Freunden hieß,
so reizvoll machte. Sie konnte sehr offen sein, vor allem in gesellschaftlicher Konversation, die ihr als weltläufiger Russin nicht schwerfiel. Aber
sie blieb in ihren innersten Bereichen von Kindheit an verschlossen und
daher schmerzhaft einsam. Sie vereinigte in sich beide Naturen, die sie
in England bei dem Ehepaar Eliot-Lewes festgestellt hatte: gleichzeitig
feinfühlig, verschlossen, wirklichkeitsfremd zu sein u n d augenblicks-
bezogen, flexibel, plastisch, spontan, aktivistisch zugleich: „... *es ist
schwer, sich zwei so selbständige und begabte Naturen vorzustellen, die
einander entgegengesetzter wären, als die beiden.*" Wieviel schwieriger
war es, fügen wir hinzu, beide zugleich leben zu müssen![15]

Sie war unsystematisch und bedurfte der Anleitung, und sie neigte
ständig dazu, sich zu überfordern. Ihr soziales Empfinden rührte von
einer tiefen Fähigkeit des „Mitleidens" her und einer Abscheu vor Unge-
rechtigkeit ganz allgemein. Man kann ihre hauptsächlichen Eigenarten
auf eine überdurchschnittliche Fähigkeit zur Analyse zurückführen, und
diese Fähigkeit wandte sie ganz unterschiedlich an: auf mathematische
Problemstellungen, auf die Zeichnung literarischer Figuren, auf gesellschaftliche Phänomene und auf das eigene Seelenleben. Ihre Biographie
bleibt ein schönes Beispiel jener westlich orientierten Russen, die eine
Brücke zwischen denVölkern schlugen und sich mit kosmopolitischer
Selbstverständlichkeit quer durch Europa bewegten — jener Russen,
die, wie man über Maxim Kowalewskij gesagt hat, im eigenen Land

Abb. 11: Der Freund und Mentor in Schweden,
Gösta Mittag-Leffler.

Abb. 12: Sofia Kowalewskaja mit ihrer schwedischen
Freundin Anne-Charlotte Leffler.

Abb. 13: Sofia Kowalewskaja mit ihrer Tochter Sofia
Wladimirowna, genannt „Fufu".

Abb. 14: Der Geliebte
der späten Jahre,
Maxim Maximowitsch
Kowalewskij.

Abb. 15: Charles Hermite,
französischer
Mathematiker und Freund.

Abb. 16: Gaston Darboux,
französischer
Mathematiker und Freund.

Abb. 17: Henri Poincaré,
französischer
Mathematiker und Freund.

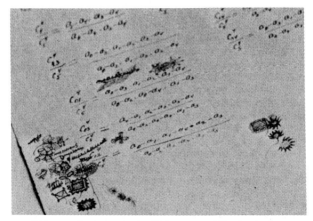

Abb. 18: Geometrische Skizzen und Rechnungen
Kowalewskajas zum Kreiselproblem.

Abb. 19: Alltag und Wissenschaft: Kowalewskajas
Haushaltsbuch, darunter ein Blatt mit komplizierten
Rechnungen.

Abb. 20: Altersbild der Tochter Sofia Wladimirowna.

Abb. 21: Kowalewskajas Grabstätte in Stockholm,
um 1950.

als Vertreter der westlichen Zivilisation galten und in Westeuropa als Botschafter des geistig entwickelten Rußland hoch geschätzt wurden.[16]

Was ihr Leben insgesamt, und nicht nur ihre Mathematik, kennzeichnet, ist Bruchstückhaftigkeit. Damit wären wir bei dem wichtigsten Grund, warum Kowalewskaja in eine „Dreiviertelvergessenheit" geraten ist. So wie ihr Leben abrupt endet mit noch nicht 41 Jahren, so hat das, was sie gewollt hat, den Charakter des Unvollendeten. Mathematisch bewegte sie sich immer im Orbit von Weierstraß, ihre Arbeiten sind, um an das oben Ausgeführte noch einmal zu erinnern, „epigonal". Sie bleibt erinnernswert als einer der bedeutenderen Weierstraß-Schüler.[17] Literarisch ist sie in Ansätzen steckengeblieben. Vollgültig sind nur die *Jugenderinnerungen*.

Hätte man sie also nur als Mathematikerin oder nur als Literatin zu würdigen, so wäre diese Biographie kaum geschrieben worden. Als gesellschaftliche Vorkämpferin vom Schlage einer Bertha Suttner oder auch Ellen Key ist sie ebenfalls nicht anzusprechen. Zwar traf sie sich mit Revolutionären und Staatsfeinden in Paris und Berlin, lieh ihnen Pässe und empfing verschlüsselte Botschaften. Ja, sie entwickelte sogar den abenteuerlichen Plan, Schweden zu einer Drehscheibe von russischen Untergrundkämpfern zu machen.[18] Aber sie wußte sehr wohl, daß ihr aktives Engagement vergleichsweise dürftig blieb.[19] Wenn sie sagt, daß sie sich als „ernsthafte Naturwissenschaftlerin" nicht mit ganzer Kraft auf die „nebelhafte" Lösung der sozialen Frage werfen konnte[20], so bringt sie ihre Biographie zu einem Kreisschluß, denn sie, die Nihilistin, betrachtete ja gerade naturwissenschaftliches Studium als ihren originären Beitrag zur Menschheitsbefreiung und -beglückung.[21] So blieb ihr gesellschaftspolitisches Tun eher ein Erbstück ihrer Jugend unter den besonderen Bedingungen der 60er Jahre im Rußland Alexanders II. und aktualisierte sich nur dann, wenn sie sich selbst (oder stellvertretend für andere) ungerecht eingeschränkt fühlte.

Immer wieder zeigt ihre Biographie, wie sie sich mit viel Enthusiasmus auf ein Projekt stürzte, um dann mitten auf dem Wege zaudernd innezuhalten. Es fehlte ihr die Konsequenz, sich endgültig für eines zu entscheiden: für die Mathematik, für die Literatur, für die politische Agitation, für ein Leben als Frau Wladimirs oder Maxims. Sie wollte immer mehreres auf einmal, und so erreichte sie auf all ihren Betätigungsfeldern nie das, was sie hätte erreichen können, würde sie sich für eines entschieden haben.[22] Daher rührt die eben erwähnte Bruchstückhaftigkeit ihrer Ergebnisse, und es ist eher die Summe dieser Bruchstücke als der zu kurz greifende einzelne Erfolg, der ihre Persönlichkeit erinnernswert macht.

Nun machte man es sich aber zu einfach, wollte man diese Relativierungen ihrer Lebensleistung nur auf psychische Veranlagung
zurückführen oder auf den Zwiespalt von Fleiß und Trägheit, den das
deutsch-russische Mischerbe ihr angeblich beschert haben sollte.[23] Den
fatalen Nährboden fand ihre psychische Befindlichkeit in den gesellschaftlichen Bedingungen des späten 19. Jahrhunderts. Ihr dauerndes
Schwanken zwischen denkbaren Alternativen, ihr Tasten und Zögern,
ihre Flucht von einer Alternative in die andere waren unlöslich mit ihrer
Rolle als Frau verknüpft.

Die bürgerliche Frau des 19. Jahrhunderts hatte sich, pauschal
gesagt, mit den bekannten sozialkaritativen „drei K" zu befassen: Kinder, Küche, Kirche. Kowalewskaja aber war von durchaus zweifelhafter
Gläubigkeit[24]; sie war bar jeden hausfraulichen Talentes und hatte stets
eine etwas unaufgeräumte Wirtschaft; sie lebte über Jahre hinweg getrennt von ihrem Mann und gewann gesellschaftlich respektable Statur
makabrerweise erst als „bedauernswerte Witwe"[25]; sie gab ihre einzige
Tochter monatelang in die Obhut von Verwandten und Bekannten —
summa summarum m u ß t e eine solche Frau Skandal machen, übrigens auch in den Augen der meisten bürgerlichen Frauen, die die ihnen
zudiktierte Rolle verinnerlicht hatten.

Ein Schlaglicht auf Sonjas problematische Situation wirft die folgende Briefstelle von 1884 an Theresa Gyldén, in der sie auf Vorwürfe
über die Art, wie sie mit ihrer Tochter verfuhr, reagiert:

> *„Ich muß zugeben, daß ich mich bei der Lösung einer solch ent-*
> *scheidenden Frage nicht um das scheren konnte, ‚was die Leute sagen*
> *werden'. Ich bin gänzlich bereit, mich den Ansichten der Stockholmer*
> *Gesellschaft in allen Banalitäten des Lebens zu beugen. In bezug auf*
> *meine Kleidung, meinen Lebensstil, die Wahl meiner Bekanntschaften*
> *und dergleichen vermeide ich sorgfältig, was den strengsten Richter —*
> *gewöhnlich weiblichen Geschlechts — beleidigen könnte. Aber wenn es*
> *sich um eine so wichtige Sache wie das Wohlergehen meiner Tochter*
> *handelt, dann muß ich mich im vollen Einklang mit meinen eigenen*
> *Ansichten verhalten."*[26]

Da Kowalewskaja andererseits niemals — und auch das geht aus
dem eben zitierten Brief hervor — absichtlich provozierend auftrat und
akademischen wie gesellschaftlichen Erfolg hatte, da sie einflußreiche
Gönner fand, kochte der Skandal „auf kleiner Flamme". Mindestens
ebenso entscheidend aber war, daß es für Kowalewskaja keine festen
Anhaltspunkte dafür gab, was auf ihrem ungewöhnlichen Lebensweg
„richtig" oder „falsch" war und daß sich damit eine stets latente Unsi-
cherheit auf ihr Inneres übertrug.

Für das, was sie tat, gab es keine Vorbilder, und so mußte sie sich ständig fragen, ob der Weg, den sie einschlug, nicht in undurchdringliches Dickicht führte. Ihre männlichen Kollegen aus der „mathematischen Gemeinschaft" waren mit Selbstverständlichkeit Wissenschaftler, Vollblutmathematiker, seien es Franzosen, Russen oder die anderen Weierstraß-Satelliten wie Mittag-Leffler, Fuchs, Königsberger oder Schwarz. Überdurchschnittliche Begabung einmal vorausgesetzt, fanden sie die adäquaten akademischen Posten für sich bereit. Sie konnten auch das Familienleben an ihre Frauen delegieren, während Kowalewskaja scheel dafür angesehen wurde, daß sie getrennt von ihrem Mann lebte und ihre Tochter bei anderen aufwuchs.[27]

„Wann immer eine Frau einen Weg einschlagen will jenseits des Trampelpfades, der in die Ehe führt, türmen sich so viele Schwierigkeiten auf. Ich bin vielen davon selbst begegnet."[28]

Elisaweta Litwinowa hat die Beziehung zwischen psychischen und gesellschaftlichen Determinanten klar gesehen, wenn sie in ihrer Biographie über Kowalewskaja schreibt: „Das Vorurteil gegen die Fähigkeiten der Frauen zu intellektueller Arbeit, wie alle die Vorurteile, gegen die wir kämpfen müssen, gedeihen ja nicht nur um uns herum, sondern auch in uns selbst."[29]

Interessanter als die „Person Kowalewskaja", so könnte man überspitzt sagen, ist eigentlich der „Fall Kowalewskaja". Unter den gesellschaftlichen Bedingungen des späten 19. Jahrhunderts, und nicht nur in Rußland, k o n n t e die Selbstverwirklichung der Frau durch die Aussöhnung wissenschaftlicher Bestätigung mit sinnlich-emotionaler Befriedigung gar nicht gelingen. Eine selbstanalytische, sprunghafte und sanguinische Natur wie diejenige Kowalewskajas m u ß t e zwangsläufig zu dauernder Exaltiertheit auflaufen, weil der fortwährende Rechtfertigungszwang für das, was sie tat, zu immerwährender Selbstdarstellung nach außen führte, während er sich nach innen in komplexbeladene Selbstzweifel verkehrte. Gerade weil sie darum nicht das erreichte, was sie hätte erreichen können, erlangt ihr Fall symptomatischen, paradigmatischen Rang und hätte schon ob seiner Tragik ein Anrecht auf respektvolle Rückschau.

Mehr als ihre erreichten Z i e l e muß uns der von ihr eingeschlagene W e g interessieren, ihre Katalysatorfunktion für künftige Frauengenerationen, als im 20. Jahrhundert eine immer breiter werdende „Frauenbewegung" nach ihren Ursprüngen fragte und nach rechtfertigenden Lebensläufen Ausschau hielt: Gab es da nicht auch noch so eine jung verstorbene russische Mathematikerin — in Stockholm ...? Man könnte es noch allgemeiner formulieren: Der Weg war das Ziel.

Denn, so hat Ellen Key es unnachahmlich ausgedrückt, es ist jener nie vollendete Weg „des Kampfes um die Befreiung der Persönlichkeit aus der Macht der Verhältnisse."[30]

Anhang

Zeugnisse über Sofia Kowalewskaja

August Strindberg

Ein weiblicher Mathematikprofessor ist eine gefährliche und unerfreuliche Erscheinung, man kann ruhig sagen eine Ungeheuerlichkeit. Ihre Einladung in ein Land, in dem es so viele ihr weit überlegene männliche Mathematiker gibt, kann man nur mit der Galanterie der Schweden dem weiblichen Geschlecht gegenüber erklären *(26/189)*.

Ellen Key

Sie gehörte den Auserwählten der Wissenschaft an: sie hatte auf literarischem Gebiet reiche Zukunftsverheißungen gegeben; sie besaß mittelbar große Bedeutung für die Frauenfrage; sie nahm mit ganzer Seele an den Freiheitsbestrebungen ihres Vaterlandes teil — *(36/9)*.

Georg Brandes

Man hatte, ohne überzeugt zu werden, den Ausfall des zornigen Strindberg gegen die einfältigen Männer gelesen, die einer Frau einen Professorenplatz wie den ihren einräumten. Denen, die persönlich das Vergnügen hatten, mit ihr zusammenzutreffen, erschien sie gleichzeitig als der Typus der weltbürgerlichen Russin und als ein großes Beispiel der bei Frauen so ungewöhnlichen Genialität auf streng wissenschaftlichem Gebiet *(30/317)*.

Gösta Mittag-Leffler

Persönlich war sie ausgesprochen einfach. Mit einer ausgedehnten Kenntnis verschiedener Zweige des menschlichen Wissens verband sie eine sichere, lebhafte und sympathische Einsicht in das, was bei jedem von uns das ganz Persönliche ausmacht: Und so haben denn auch mehr als ein Mann, mehr als eine Frau (und wahrlich nicht die Schlechtesten) unter dem Einfluß ihres Interesses und fast von der ersten Begegnung an ihre geheimsten Gefühle und Gedanken geäußert, Hoffnungen und Zweifel des Forschers, die geheime Schwäche neuer Lehren, die Gründe künftiger Erwartungen — so wie man ihr schließlich auch so und so oft Glücksträume und die Verzweiflungen des Herzens anvertraute. All diese Qualitäten, die sie in ihre Professorenkarriere einbrachte, machen begreiflich, auf welchem Fundament die Beziehungen zu ihren Schülern ruhten *(45/388)*.

Sophie von Adelung

Sie hatte etwas Scheues, oft Schüchternes vor Fremden, ..., sie konnte noch als berühmte, gefeierte Frau wie ein kleines, schüchternes Schulmädchen auftreten ... Aber war sie einmal aus der dunklen Ecke, wohin sie sich gerne flüchtete, durch irgendein Gespräch hervorgelockt worden, dann nahm sie sofort den Mittelpunkt der Unterhaltung ein und fesselte durch den Geist, der aus ihren Augen leuchtete, aus ihren Worten sprach. ... der Keim zu Sfòfa Kowalewsky's später rastlos — unbefriedigtem Streben, der Doppelnatur, welche sie unglücklich machte, und die ohne Zweifel ihr frühes Ende herbeigeführt hat, dieser Keim lag schon im sechzehnjährigen Mädchen. Nirgend fand sie das, was ihre Seele träumte, nirgends das, was sie erfüllte und wofür sie glühte. Nur in der Seele Gleichgesinnter fand sie sich wieder, und daher schon frühe dieses fast krankhafte Suchen nach Gesinnungsgenossen. ... Der erste Eindruck war stets der einer vollständig kindlichen, naiv-graziösen Natur, spontan, zutraulich und warm; doch sobald man mit ihr vertrauter wurde, stieß man plötzlich auf Widersprüche, auf seltsame Räthsel, und aus dem heiter plaudernden Kinde wurde eine unergründliche Sphinx, unergründlich für Jeden, der nicht ihrem auserwählten Kreise gehörte. Sfòfa blieb ein Buch mit sieben Siegeln, wo sie nicht gleiche sociale und politische Gesinnung zu finden glaubte, und sie muß einen eigenen, sechsten Sinn gehabt haben, der ihr sofort sagte, wer zu ihrer Partei gehörte, und wer nicht. ... Die Sehnsucht nach dem Ewigen, den Durst nach Unfaßbarem suchte sie mit Formeln zu beschwichtigen — aber Ewigkeitsgedanken sind keine leeren Formeln, sondern Leben, und wer mit Unendlichkeiten rechnet und der Unsterblichkeit nachjagt, dem sollte zuletzt auf seinem Wege — Gott begegnen. Sie hätte den Ruhepunkt finden müssen, in welchem sich Verstand und Gemüth vereinen lassen, eine Zufluchtsstätte über den beiden Existenzen, die sie abwechselnd führte, von wo aus ihr beide in verklärtem Lichte erschienen wären; oder lernen, auf eine von beiden zu verzichten, dann wäre ihr Lebensschiff wohl nicht in dem Kampfe zwischen Herz und Verstand untergegangen. Naturen aber, die das Verzichten und Aufgeben nicht erlernen können, die mit elementarer Gewalt Alles an sich zu reißen suchen und nie einsehen, daß wahre Größe in der Einschränkung des Selbst liegt, können den bitteren Schmerzen der Enttäuschung nicht entgehen. So verzehrte sich Sfòfa im fortwährenden Streite eines nie zu versöhnenden Dualismus, der sie hin und her trieb und sie nicht zum Frieden mit sich selber kommen ließ *(25/403, 404, 407, 421 f.)*.

Georg Vollmar

Sonja Kowalewski war eine glänzende Erscheinung, voll von Geist,
Wissen, Können und Gefühl, die Eigenschaften der Gelehrten und
der Künstlerin, der freien Denkerin, der feingebildeten Weltdame, der
Vorkämpferin des Frauenrechtes und der echten Weiblichkeit, der für
die höchsten Interessen Thätigen und der wärmsten Freundin im selten-
sten Vereine verbindend. Ihre Bahn war kurz aber leuchtend. Sie hat an
die ihr Nahestehenden Schätze des Geistes und Gemüthes verschenkt,
für Schönheit und Freiheit gefühlt und die Gedankenwelt der Menschheit bereichert. Ihr Name wird bleiben als der einer großen Frau, eines
wahrhaft bedeutenden Menschen! *(57/845).*

Julia Lermontowa

..., sie hatte von Kindheit an eine eigentümliche Vorliebe für un-
natürliche und zugespitzte Verhältnisse. Sie wollte nehmen, ohne zu
geben. ... sie erreichte ... immer, was sie wollte, außer im Bereich
des Gefühls, wo sie merkwürdigerweise gewöhnlich ihr scharfes Urteil
verlor. Sie forderte immer zu viel von dem, der sie und den sie selbst
liebte; sie hatte eine Art, gleichsam mit Gewalt zu nehmen, was man
ihr gern freiwillig geboten, wenn sie es nicht so leidenschaftlich gefor-
dert hätte. Sie hatte immer ein starkes Bedürfnis nach zärtlicher Liebe
und Freundschaft, brauchte immer jemand, der ihr beständig zur Seite
war, der alles mit ihr teilte, machte aber immer dem das Leben zur
Pein, der in dieser Weise mit ihr lebte. Sie war selbst von Natur viel
zu unruhig und unharmonisch, um sich lange mit dem zärtlichen Zusammenleben begnügen zu können, das sie doch immer begehrte. Und
sie war zu persönlich, um genügende Rücksicht auf die Individualität
eines anderen zu nehmen *(41/17 f.).*

Anne-Charlotte Leffler

Äußerst selbstreflektierend und selbstanalysierend, war sie gewohnt, jede ihrer Handlungen, jeden ihrer Gedanken, alle Gefühle vor
sich selbst zu prüfen. ... So scharf und bisweilen unbarmherzig ihre
Selbstanalyse auch sein konnte, wurde sie doch von dem natürlichen
Bedürfnis getrübt, sich zu idealisieren, sich so zu betrachten, wie sie
zu sein wünschte, ... Sie beurteilte sich zuweilen strenger, oft aber viel
milder als andere es thaten. ... Die Arbeit an sich, das abstrakte Suchen nach wissenschaftlichen Wahrheiten befriedigte sie nicht. Sie wollte verstanden sein, man sollte ihr auf halbem Wege entgegenkommen,
bei jedem Schritt, den sie machte, für jeden neuen Gedanken, der in

ihr erwachte, wollte sie bewundert und aufgemuntert werden. Sie wollte das Kind ihres Geistes jemand schenken, jemand damit bereichern, nicht nur die Menschheit im allgemeinen, sondern ein bestimmtes Individuum, das ihr dafür das seine geben sollte. In all ihrem Denken und Urteilen so leidenschaftlich persönlich, strebte sie, obgleich sie Mathematikerin war, nicht nach abstrakten Zielen. ... Ihre idealistische Natur forderte ein Ganzes, wie es das Leben nur selten bietet, ein vollkommenes Verschmelzen zweier Seelen, das sie weder in der Freundschaft noch später in der Liebe verwirklicht fand. Ihre Freundschaft, wie ihre Liebe später waren insofern tyrannisch, als sie nicht zugab, daß der andere ein Gefühl, einen Wunsch, einen Gedanken habe, der nicht ihr galt. Sie wollte den Menschen, den sie liebte, auf eine solche Art besitzen, daß die Möglichkeit einer eigenen Individualität bei dem anderen fast ausgeschlossen war, ... Hierin liegt vielleicht auch die Erklärung dafür, daß das Mutterglück so wenig ihr liebebedürftiges Herz auszufüllen vermochte. Ein Kind liebt nicht so, wie es sich lieben läßt, ein Kind geht nicht ganz in den Interessen eines anderen auf, es empfängt mehr als es giebt — und Sonja begehrte und brauchte eine hingebende Liebe. Damit will ich jedoch keineswegs sagen, daß sie selbst in ihrer Liebe mehr forderte als sie gab. Im Gegenteil, sie gab unendlich viel, schenkte einem in reichstem Maß ihre Sympathie, überhäufte einen mit kleinen Freundschaftsbeweisen und wäre immer zu jedem Opfer bereit gewesen. Aber sie forderte alles, was sie gab, wieder, man sollte ihr auf halbem Wege entgegenkommen und vor allem wollte sie fühlen, daß sie ebensoviel für den anderen bedeute als dieser für sie. ... sie war wie die Prinzessin, in deren Wiege die Feen alle guten Gaben gelegt, deren Wirken aber durch die unglückselige Zugabe einer einzigen neidischen Fee vernichtet wird. Wohl hatte sie im Leben alles besessen, was sie sich wünschte, aber immer zur unrechten Zeit oder unter Umständen, die ihr das Glück verbitterten *(41/3, 61, 84, 92)*.

Don H. Kennedy

Sophia Kovalevsky wird — aus sich heraus und nicht, weil sie eine Frau war — eine sichere Nische in der Mathematikgeschichte behalten. ... Und so kann man, in bezug auf eine Bereicherung des Wissens, Sophias Leben sicherlich erfolgreich nennen. Sie setzte sich schwierigste Ziele, bezwang das, was sie einen grundsätzlich faulen Charakter nannte, und nutzte ihren unbeugsamen Willen, um ihren Entschluß in die Tat umzusetzen, zu dem Schatz wissenschaftlicher Wahrheit beizutragen *(35/318 f.)*.

Roger Cooke

Obwohl noch nicht all ihre Bestrebungen zugunsten von Frauen in der Mathematik erfüllt sind, befinden sie sich doch auf einem guten Wege. Der Anstoß, den sie vor einem Jahrhundert dieser Bewegung gab, sowie die permanenten Wissensfortschritte, die ihre Werke der Welt bescherten, haben das dauerhafte Fundament ihres Ruhmes gelegt *(93/182)*.

Maxim M. Kowalewskij

Es gab für sie nichts Uninteressantes *(33/98)*.

Zeittafel

349 v.Chr. Ein Rabe (corvinus) hilft Marcus Valerius Messalla im Zweikampf mit einem Gallier.

1458–1490 Regierungszeit des ungarischen Königs Matthias Corvinus.

1787 Der Urgroßvater Fedor I. Schubert kommt nach Petersburg.

1789–1865 Großvater Fedor F. Schubert, Offizier und Kartograph.

1800 Geburt des Vaters.

1820 Geburt der Mutter.

1843 Heirat der Eltern.

1844 Geburt der Schwester Anjuta.

1850 *15. Januar: Sofia Wassiljewna Krukowskaja in Moskau geboren.*

1855 Geburt des Bruders Fedor.

1856 Umbenennung des Familiennamens in Korwin-Krukowskij.

1858 Pensionierung des Vaters als Generalleutnant — Umzug der Familie auf das Landgut Palibino (Provinz Witebsk).

1861 Aufhebung der Leibeigenschaft durch Zar Alexander II.

1863 Ernennung des Vaters zum Adelsmarschall der Provinz — Aufstand in Polen.

1865 *Unglückliches Dostojewskij-Erlebnis in Petersburg.*

1867–1868 *Mathematikunterricht in St. Petersburg bei Alexander N. Strannoljubskij.*

1868 *Scheinehe mit Wladimir O. Kowalewskij, Umzug nach St. Petersburg.*

1869–1870 *Naturwissenschaftliche Studien in Heidelberg.*

1869 *Erster England-Aufenthalt (George Eliot).*

1870–1874 *Studium (Privatstunden) der Mathematik in Berlin bei Prof. Karl Weierstraß.*

1871 *Mit Wladimir bei ihrer Schwester Anjuta und deren Mann Victor Jaclard während der Kommune in Paris — Wladimir geht nach Jena.*

1872–1907 Regierungszeit des Königs Oskar II. von Schweden.

1874 *Promotion (summa cum laude) als Externe in Göttingen mit drei Arbeiten, u.a. über die „Reduction ... Abel'scher Integrale" und zur „Theorie der partiellen Differentialgleichungen" — mit Wladimir Rückkehr nach St. Petersburg — politisch „heißer Sommer".*

1875 Tod des Vaters — *Vollzug der Ehe* — Beginn von Wladimirs Häuserspekulationen.

1876–1877 *Populärwissenschaftliche Aufsätze und Theaterkritiken für „Nowoe Wremja".*

1877	*Beobachterin beim „Prozeß der 193" gegen die Demonstranten von 1874.*
1878	*Geburt der Tochter Sofia Wladimirowna in Petersburg (17. Oktober).*
1879	*Bankrott der Familie.* Wladimir beginnt seine Teilnahme an letztlich undurchsichtigen Erdölgeschäften. *— erster wissenschaftlicher Wiederauftritt auf dem VI. Petersburger Naturwissenschaftler-Kongreß — Tod der Mutter.*
1880	*Reise nach Berlin zu Weierstraß.*
1881	Wladimir wird Dozent für Paläontologie an der Moskauer Universität *— Flucht mit der Tochter nach Berlin — Mitglied der Moskauer Mathematischen Gesellschaft —* Ermordung Zar Alexanders II. durch die Narodniki Wolja.
1882–1883	*Hauptsächlich in Paris — endgültiger Bruch mit Wladimir. — Mitglied der Pariser Mathematischen Gesellschaft.*
1883	27. April: Selbstmord Wladimirs *— Kowalewskaja geht an die Universität Stockholm, um dort Analysis zu lehren (Initiative von Prof. Gösta Mittag-Leffler).*
1884	30. Januar: *Erste Vorlesung. Ernennung zur Professorin auf fünf Jahre — Integration in die Stockholmer Gesellschaftskreise (Anne-Charlotte Leffler, Ellen Key, Hugo Gyldén und Familie) — Reise nach St. Petersburg.*
1885	Weierstraß' 70. Geburtstag *— die Arbeit über die „Brechung des Lichtes in cristallinischen Mitteln" erscheint in den „Acta Mathematica".*
1886	*Reisen nach Berlin und Paris.*
1887	*Mehrere Reisen nach Rußland — Tod der Schwester Anjuta in Paris — Beginn der Bekanntschaft mit Maxim M. Kowalewskij — das mit Anne-Charlotte Leffler gemeinsam verfaßte Doppeldrama „Der Kampf ums Glück" erscheint im Druck — Beginn der Arbeit an der Erzählung „Die Nihilistin".*
1888	*Mit Maxim in England, im Sommer mit Weierstraß im Harz —* 24. Dezember: *Verleihung des Prix Bordin in Paris für ihre Arbeit über die „Rotation eines starren Körpers um einen festen Punkt" — Aufsätze über «La Salpêtrière» und «La Charité».*
1889	*Bis zum Herbst in Frankreich — Zweifel an der Stockholmer Arbeit und der Beziehung zu Maxim — Professorin auf Lebenszeit — Ernennung zum Korrespondierenden Mitglied der Petersburger Akademie der Wissenschaften — Preis der Schwedischen Akademie der Wissenschaften — Essays über Saltykow — Schtedrin und George Eliot sowie die Einleitung des Romanfragments „Vae Victis" erscheinen im Druck, vor allem aber die schwedische Erstfassung der „Jugenderinnerungen".*
1890	*Essay über schwedische Heimvolkshochschulen — russische Fassung der „Jugenderinnerungen" — Europareise mit Maxim.*
1891	*Verschleppte Erkältung auf einer Rückreise aus dem Süden —* 6. Februar: *letzte Vorlesung —* 10. Februar: *Tod durch Lungenentzündung (oder Rippenfellentzündung).*

1892	Errichtung des Grabmonuments von russischen Frauenverbänden — Tod Anne-Charlotte Lefflers — „*Die Nihilistin*" erscheint im Druck, desgleichen Lefflers Erinnerungsbuch.
1894	Erste Biographie (von E.F. Litwinowa) erscheint.
1897	Tod von Weierstraß.
1915	Tod von Maxim Kowalewskij.
1919	Tod des Bruders Fedor.
1927	Tod Gösta Mittag-Lefflers.
1952	Tod der Tochter Sofia Wladimirowna.

Anmerkungen

Vorbemerkung

Der Einfachheit halber werden im folgenden die Werke, auf die Bezug genommen wird, mit der Nummer des Literaturverzeichnisses genannt. Die Zahl hinter dem Querstrich bedeutet die jeweilige Seitenzahl.

Beispiel: *158 Band 2/65 meint die Seite 65 des zweiten Bandes der Nummer 158 des Literaturverzeichnisses, also die relevante Seite im zweiten Band von Felix Kleins Vorlesungen über die Entwicklung der Mathematik im 19. Jahrhundert.*

Abstammung. Jugendzeit in Rußland

1) Vgl. u.a. 48b/17.

2) 168/12 f.

3) 177/35 f.

4) 180/24 f.; 179/469 ff.

5) 177.

6) Zur Abstammung besonders 48b/9 ff.; 35/12 ff., 60; 177/25, 33 – 36, 44 f.; 93/4 ff.; 37/9 f.

7) 48b/17.

8) 173/23 f.

9) 168/4 f.

10) 35/30.

11) 168.

12) Vgl. 35/24 f.

13) Nach 35/100 und 37/60: Alexandra Alexandrowna Briullowa.

14) 25/397.

15) Frankfurt/M. 1968, 3. Aufl. 1987, erstmals 1897.

16) Übersetzt nach der englischen Ausgabe 14d/92, 93, 96.

17) 14b/15.

18) 35/30.

19) 14b/18.

20) Ebenda/85 – 88.

21) So schon 25/412.

22) 14b/11.

23) 37/25.

24) Zum Vorangegangenen vgl. 48b/14 – 16; 25/401, 406; 14b/54; 93/6.

25) 25/399.

26) Vgl. 14b/121 ff.

27) 14b/134.

28) Ebenda/131 – 134.

29) Vgl. besonders 14b/89 ff.; auch 174/165 – 173; 48b/30 ff.

30) 35/99.

31) 35/98 f.

32) 14b/42.

33) Ebenda/43.

34) Ebenda/50 – 53; auch 48b/21 f.

35) Man las hier neben der gleich erwähnten «Revue des deux mondes» auch das englische "Athenaeum", den russischen „Russkij westnik" und auch Dostojewskijs „Epokha". Man las nicht Herzens sozialistische „Glocke"!

36) Vgl. 43; auch 48b/22 – 26; 35/49, 51; negativ 25/399.

37) 14b/70 – 72. Auch der Vater Dostojewskijs und eine Tante Saltykow-Schtedrins kamen auf diese Weise ums Leben.

38) 14b/76, insgesamt ebenda/62 – 77.

39) Vgl. 174/71, 74: 1860 nur 176 000 Frauen, davon wiederum 1868 allein 2 000 Prostituierte!

40) 180/13.

41) Ebenda.

42) 14b/162 f.

43) 51/30, 45 (Anm. 30).

44) 14b/129 f.

45) Ebenda/173.

46) Ebenda/108, auch 107 – 111; 37/35 – 38.

47) 18a/20 – 23.

48) Ebenda/27f.

49) 48b/28 – 30.

50) 14b/75; zum Vorangegangenen 48b/37 ff.

51) 16b/120.

52) 50/277.

53) 176/58, nach D. Pisarew.

54) 69/Kap. 5, übers. von Manfred von der Ropp.

55) Plechanow: „Seit dem Augenblick, da in Rußland die Druckerpresse eingeführt wurde, hat kein gedrucktes Werk so großen Erfolg gehabt wie W a s   t u n ?" (181/155). – Nicht zufällig übernahm später Lenin den zugkräftigen Titel für eine eigene, dann noch berühmter gewordene Schrift. – Der Roman selbst unter 68.

56) 35/83, 112; 56/116; 50/277; 174/50 ff., 72 ff.; 176/55 – 58; 181/155 – 158; 48b/33 – Zum nihilistischen Kontext besonders 37/IX ff. – Literarische Gestalten nach nihilistischem Modell sind außer Basarow auch bei Dostojewskij zu finden: Iwan Karamasow, Peter Stepanowitsch Werchowenskij in den „Dämonen", Lebesjatnikow in „Schuld und Sühne".

57) 14b/106.

58) 48b/38 – 40; 174/64 – 67, 111, 122, 175.

59) 60/182.

60) Verewigt in 68.

61) 26/183; komplizierter 37/69 ff.

62) 50/280.
63) 51/2 – Zum Komplex Kowalewskij vgl. 48b/40 ff.; 35/85 ff.
64) 50/281.
65) 51/12.
66) 41/11 – 13; bekräftigt in 37/75.
67) 25/412 f. – Diskussion beider Versionen in 32/219 f. und 35/93 f.
68) 25/416.
69) 41/6.
70) 58/106.
71) 48b/58 f.

Studienjahre in Heidelberg und Berlin

1)   35/113.
2)   Vgl. 41.
3)   Julia Lermontowa, nach 41/116; vgl. auch 25/417; 41/16; 24/381, 383.
4)   Zu Heidelberg insgesamt 48b/54 ff.; 35/118 ff.; 51/13 f.; 93/13; 41/14 – 18.
5)   Vgl. 11.
6)   11b/1356 f., 1359.
7)   Ebenda/1359 f.
8)   170/178.
9)   11b/1391.
10) Zit. nach 41/15.
11) 41/17.
12) 46/148.
13) Weierstraß war nach seinen eigenen Worten ein Gegner des Frauenstudiums,
     vgl. 90/252. – Eine umfassende Biographie über Weierstraß gibt es bis heute
     nicht; vgl. vorerst die Publikationen 73, 81 und 162/301 f., 306 f.
14) 46/195.
15) So später überliefert durch Mittag-Leffler, in 77/55.
16) Vgl. 23.
17) 60/188 f.; vgl. auch 37/97.
18) Vgl. 35/135.
19) 41/24.
20) Nach 61/128 – Zu den Kommune-Abenteuern besonders 48b/69 f.; 35/136 ff.;
     41/23 – 26; 56/124; 37/105 ff.
21) Zit. nach 41/20.
22) 32/220.
23) 16b/121; auch 56/122 f.; 41/19 – Übersicht der Weierstraß-Vorlesungen
     1870/74 in 142 Bd. III/355 – 360 und 93/17.
24) 23/49 (21.9.1874); ebenda/24 (25.4.1873).
25) Ebenda/27 (20.8.1873).

26) Vgl. 35/143; vereinfacht in 33/48.

27) Zit. nach 35/153.

28) Vgl. ebenda/155.

29) 23/13 (16.10.1872), Anm. – Ab diesem Datum duzte er sie.

30) Zum Vorangegangenen 48b/73 – 76; 35/146.

31) Vgl. 2.

32) Vgl. 3.

33) Vgl. 4.

34) 16b/122.

35) Genau das hatte sie in einem gesonderten Schreiben an den Dekan der Fakultät auch zugegeben! Dieses Schreiben in 41/26 f., auch 90/251; falsche Angaben in 33/61.

36) 16b/122.

37) 35/160; auch 24/378 f.

38) 35/146 – 148.

Die frühen mathematischen Arbeiten Kowalewskajas

1) Vgl. 2.

2) So schrieb selbst ein ausgezeichneter Mathematiker wie Pierre Simon Laplace (auf den wir bei der Besprechung von Kowalewskajas Arbeit über die Gestalt der Saturnringe näher eingehen) in 128/13 euphorisch-verklärend (und keineswegs nüchtern-sachlich, wie man erwarten dürfte): „Eine Intelligenz, die in einem bestimmten Augenblick alle Kräfte übersehen könnte, die in der Natur wirksam sind, und außerdem die gegenseitige Lage aller Teilchen, aus denen sie besteht, und die zudem umfassend genug wäre, diese Angaben der mathematischen Analyse zu unterwerfen, würde in derselben Formel die Bewegungen der größten Körper und diejenigen des kleinsten Atoms erfassen; nichts wäre für sie ungewiß, und sowohl die Zukunft als auch die Vergangenheit würde klar vor ihren Augen liegen."

3) Vgl. hierzu auch 150/23 ff., 542 ff.

4) Vgl. 123 bis 127.

5) 142 Bd. I, 75 – 84.

6) Dies geht aus einem Brief Weierstraß' an du Bois-Reymond vom 25.9.1874 hervor, in: 90/204.

7) So Cooke in 93/35, der sich seinerseits auf 106 bezieht. Kowalewskajas Resultat ist in Cauchys Arbeiten jedoch explizit nicht enthalten.

8) So 48b/79.

9) Vgl. 93/30.

10) 134/26.

11) In 112.

12) Vgl. 97.

13) 98/248.

14) So 150/542.

15) Wir folgen in unseren Ausführungen zu Cauchy und seiner Majorantenmethode maßgeblich 150/542 ff.

16) 104/Reihe 2, Bd. 11, 399 – 465.

17) 104/Reihe 1, Bd. 4, 483.

18) 104/Reihe 1, Bd. 7, 17 – 68.

19) 150/545 behauptet, daß Cauchy auch die Eindeutigkeit der Lösung bewies, was 93/27 jedoch verneint. Uns erscheint eine nähere Erörterung an dieser Stelle nicht sachdienlich.

20) 93/28.

21) In der unter Anm. 5) bereits erwähnten Arbeit.

22) Vgl. Anm. 19).

23) In 93/30 wird Weierstraß zwar ein kontinuierliches Interesse an diesem Gegenstand attestiert, doch wirklich akut wird dieses unserer Meinung nach erst – wenn überhaupt – mit der Vergabe des diesbezüglichen Promotionsthemas an Kowalewskaja, denn Weierstraß studierte (wie alle seine Veröffentlichungen zeigen!) Differentialgleichungen nie aus Eigeninteresse, sondern immer nur als Mittel zum Zweck.

24) 114/297 – 320 ist Jacobis relevante Arbeit; man vgl. aber auch 113 Bd. 5/483 – 513.

25) Das schließt zumindest 93/30.

26) Dieses Beispiel zitiert Kowalewskaja in der relevanten Arbeit S. 22; ob es sich dabei um das originale Gegenbeispiel zu Weierstraß' Vermutung handelt, ist unklar; 48b/82 verneint dies.

27) Frei nach 93/37; dort allerdings in manchen Punkten nicht korrekt angegeben!

28) Diese Art der Darstellung bevorzugen wir nicht nur aus Gründen besserer Verständlichkeit, sondern auch, um der Bedeutung des Theorems als Existenz- und Eindeutigkeitssatz gerecht zu werden.

29) Allerdings hat das Theorem in seiner ursprünglichen Formulierung nicht diesen Charakter, sondern zeigt, daß man eine Differentialgleichung unter geeigneten Voraussetzungen zur Definition einer analytischen Funktion benutzen kann; die Arbeit ist also ganz im Weierstraßschen Geiste verfaßt.

30) Obwohl sich dieses Resultat als Kowalewskajas Arbeit ableiten läßt, ist zu bemerken: Explizit bewies Kowalewskaja ihr Theorem nur für den Fall, in dem die – in der Formulierung Cauchys auftretenden – Funktionen F Polynome sind!

31) In diesem Geist ist die Arbeit verfaßt – vgl. Anm. 29).

32) So 150/545, wo sich auch das Beispiel, das wir in den Anmerkungen nicht wiedergeben können, findet.

33) Vgl. 9.

34) Vgl. hierzu auch 93/166 f.

35) Bruns' Theorem ist das Hauptresultat seiner Inauguraldissertation: 102.

36) Vgl. 103.

37) Vgl. 3.

38) Vgl. 118.

39) Vgl. 111.

40) 90/249.

41) Kowalewskaja nimmt in ihrer Arbeit immer auf Resultate aus Weierstraß' Vorlesungen über Abelsche Funktionen (1872 – 1874 gehalten, in 142/Bd. 4) Bezug.

42) 100 Bd. 1/549.

43) Ebenda/406.

44) Ebenda/408.

45) Vgl. 4.

46) Vgl. 122.

47) Vgl. 129.

48) Vgl. 121.

49) 122/Bd. 2/137 ff.

50) Näheres dazu enthalten unsere späteren Ausführungen.

51) Die Eiförmigkeit resultierte aus der speziellen Parametrisierung und war aus diesem einfachen Grunde für Kowalewskaja wohl eher unerheblich.

52) Vgl. 133.

53) 4/45.

54) Vgl. 4.

55) — Dies allerdings erst nach Abschluß der allgemeinen theoretischen Untersuchungen (und übrigens in guter Übereinstimmung mit der Realität).

56) Dieser Algorithmus bezieht sich auf eine „asymptotische" Methode zur Lösung eines Gleichungssystems mit i.a. unendlich vielen Unbekannten. Für eine rigorose Begründung hätte Kowalewskaja allerdings spätere Erkenntnisse aus der Linearen Algebra vorwegnehmen müssen, vgl. hierzu auch 93/79 und den folgenden mathematischen Teil.

57) Vgl. 109.

58) Vgl. Anm. 56).

59) Diese Untersuchungen wurden vertieft von dem Astronomen F. Tisserand: Traité de Mécanique Céleste, Bd. 2, Paris 1891, S. 153 ff.

60) Vgl. 109.

Emigrationen: Rußland – Berlin – Paris

1) 18a/1 f.; auch 30/427; 41/22, 28.

2) Das Vorausgegangene nach 179/543 ff. und 181/159 ff.

3) 18a/104, 106 f., 109 f., 113 f., 115 – 117; vgl. auch 21/611 – 613.

4) 48b/242 f.; insgesamt ebenda/97 –99, 240 – 243, 325 f.

5) Ebenda/243.

6) 56/127; 50/287; 37/140.

7) 70/Ausgabe Berlin (Otto Janke) 3. Aufl. 1879, S. 152 f.

8) 35/188.

9) Ebenda/184 f.

10) 37/129 – 131.

11) 46/172 – Sehr geheuchelt jedenfalls ist der Satz ihrer *Autobiographischen Skizze* (16b/122): „*Das Einzige, was mich noch einigermaßen wissenschaftlich anregte, war der Briefwechsel und Gedankenaustausch mit meinem lieben Lehrer Weierstraß.*"

12) 60/194 f.; Koblitz – Zitat 37/131.

13) 46/171; 41/29; unwahrscheinlich: 33/59.

14) 25/418 f.; 32/222, 232; 41/47.

15) 25/423; 35/206, 217, 219.

16) 59/147.

17) Vgl. für einen anderen Fall 60/188.

18) Zu den finanziellen Turbulenzen besonders 48b/100 – 103, 111 – 115; 35/186, 195 f.; 51/24; zur wirtschaftlichen Entwicklung Rußlands 179/562 f.

19) 37/168.

20) 48b/100; 41/32.

21) So 50/289; auch 48b/104 ff.

22) 35/199 – 201.

23) 23/93 (14.6.1882).

24) Dessen Briefe in 22. Die Briefe Sonjas an Hermite sind wiederum nicht erhalten, da sie bei einem Brand im Hause von Hermites Schwiegersohn und Erben Emile Picard den Flammen zum Opfer fielen.

25) Vgl. 88; 177/576 f.

26) Vgl. 21.

27) Kowalewskaja an Vollmar 4.5.1882, in: 48b/244 f.

28) Vgl. 57/844; zu Vollmar auch 171/26 f.; 35/165.

29) 41/35 f.

30) 48b/111; 35/214 f.

31) 23/94 (14.6.1882).

32) Zit. nach 35/214 – Es gab auch Phasen, in denen der zwischen Extremen schwankende Wladimir seine Frau für sein Unglück verantwortlich machte, vgl. 37/169.

33) 35/215 f.; 37/171.

34) 35/215 – In Moskau hatte man obendrein seine Promotion an der dortigen Universität hintertrieben, vgl. 37/170 f.

35) 35/216; 45/386; 46/189 f.

36) 48b/125; 46/189; 21/592.

37) So schon im Jahre 1880: 46/173.

38) 35/216 f.

39) Besonders 37/171 – 173.

40) Vgl. 36/14; 35/217.

41) 48b/121.

42) Vgl. 46/190 (Weierstraß an Mittag-Leffler 5.8.1883).

43) 48b/121, ähnlich schon ebenda/106.

Aufbruch zu neuen Ufern: Stockholm

1) Zit. nach 48b/235; auch 16b/126.

2) Zit. nach 35/225; Kowalewskaja an Mendelson 26.12.1883 , in: 21/594.

3) 46/192 – geschrieben 1923!

4) 50/289.

5) 26/189 – Dennoch bewunderte Kowalewskaja den Dichter Strindberg und empfahl ihn nach Rußland, vgl. 37/230.

6) 16b/124 f.

7) Ebenda, auch 48b/127 f.

8) 36/42.

9) Zit. nach 48b/127 f.

10) Zu seiner Biographie vgl. 48b/117 f.; 83/VI – XII; 93/89 – 91; auch 89.

11) Zur Gründung der Acta vgl. 74.

12) Fleißig gesammelt in 35/223, 230, 239, 280.

13) Vgl. 48b/130 (Mittag-Leffler an Weierstraß 18.2.1884); Mittag-Leffler später anders, vgl. 45/387.

14) Zit. in 35/227.

15) 45/387 gegen 16b/125.

16) 51/28.

17) Übersicht in 45/392; 48b/322; auch 71.

18) 36/27; 93/103; 48b/130 f.; 37/182 f., 190 – Zitat in 16b/125.

19) 35/229.

20) 46/135.

21) Zit. nach 48b/144; weitere Details 37/193 f.

22) 172/10 – 28, 166; 79/137 ff.

23) Wichtig besonders die Erinnerungen der Tochter in 48b/319 – 321; auch 35/270 – 272, 290 – 292.

24) Zit. in 35/271.

25) Zit. in 41/88 f.

26) Zit. nach 48b/146 f.

27) 79/118; auch 90/221.

28) 16b/126.

29) Vgl. 79.

30) Vgl. 15b/170.

31) Vgl. 22.

32) Vgl. 19.

33) Das Verhältnis war nicht immer ungetrübt, weil Kronecker auf Weierstraß und Cantor eifersüchtig war, vgl. 48b/190 – 192.

34) Insgesamt 48b/170 ff.

35) Hermite an Kowalewskaja 7.1., 27.1., 13.2.1884, in: 22/661,665,668.

36) 23/92 f. (10.4.1882).

37) Ebenda/131 (14.12.1885), auch 48b/149 ff.

38) 36/22 f., 41.

39) 41/48.

40) 16b/126.

41) Zit. nach 35/242.

42) Ebenda/243; 37/184.

43) Zit. nach 35/246 – Andererseits konnte sie ohne Tilgung ihrer noch offenstehenden Schulden auch juristisch nicht aus der russischen Staatsbürgerschaft ausscheiden.

44) 174/124.

45) Kowalewskaja an Mendelson o. D. (1885), in: 21/599.

46) 35/232.

47) 57/843 f.

48) 35/258.

49) 179/579.

50) Zit. nach 35/261 f. – zu den Reisen insgesamt ebenda/228, 230 ff., 248, 251, 253; auch 48b/161.

51) 51/33; 50/293; 35/274 f.; 48b/224 f.

52) Zu den Daten 35/275 – 277; auch 48b/225 f.; 50/294; 30/319 – 323; 37/260 bis 263; zum realen Hintergrund der „Nihilistin": 21/611 – 613.

53) 79/118.

54) Ebenda/129.

55) Ellen Key (36/123 f.) hat sie mit den mysteriösen Bildern Arnold Böcklins verglichen.

56) Zur Religiosität vgl. 35/102 f.

57) 41/68 ff.

58) 25/424.

59) 41/69; auch 37/200.

60) Zit. in 41/78 f.

61) Ebenda/70.

62) Ebenda/75 f.

63) 79/146 ff.

64) 68/Kap. 4, XVI 9/10 (übers. von M. Hellmann und Hermann Gleistein).

65) Emile Zola: Das Geld, Kap. 9 und 12.

66) Erstes Drama III, 2. Übersetzung nach 62/292 und 41/74 f.

67) Zit. in 41/76.

68) Zur Geschichte des Dramas außerdem 35/266 – 270; 48b/236 – 239; 37/259 f.

69) 79/144 f.

70) 36/59 – 66.

71) 41/73.

72) 16b/125.

73) 25/424.

Auf dem Gipfel? – Rund um den Prix Bordin

1) Zur Chronologie der Prix-Bordin-Problematik 48b/156 f., 163 ff.

2) 46/198.

3) Zit. nach 35/281 f., auch (ausführlicher) 41/89 f.

4) Zit. nach 48b/252 – zu Maxim vor allem 78 und 80.

5) Vgl. 35/279 f., 283; 48b/251 ff.

6) Vgl. 30/331 f.; 36/49 – 51.

7) 36/50 versus 31/16.

8) 35/286 f.; auch 48b/247.

9) 41/90.

10) Vgl. 46/198 und 23/145 (Weierstraß an Kowalewskaja 13.7.1888).

11) So 25/424 (Anm. 2).

12) Vor allem 37/206 f. – Die Erhöhung des Preisgeldes geht offensichtlich darauf zurück, daß man Sonjas finanzielle Lage entspannen wollte - und zwar schon im Juli (!) 1888, vgl. 37/209 (mit Anm. 35); auch 93/114 f.

13) Zit. nach 48b/222.

14) 41/105.

15) 35/294 – Zu dieser Variante 56/132; auch 48b/259.

16) 10/211 ff.

17) Ebenda/297 ff.

18) Ebenda/182 ff.

19) 41/81.

20) 41/98.

21) 41/95 f.

22) 36/53.

23) 41/96.

24) Zit. nach 48b/276 f. – Dies widerspricht Sonjas eigenen Beteuerungen (41/105), den schalen wissenschaftlichen Triumph gegen das Geliebtwerden gerne eintauschen zu wollen.

25) 41/107.

26) 79/150 f.; 41/86 f., 108.

27) 41/99 f.; auch 37/220 f.

28) 48b/267.

29) Ebenda/261 f., 267 f.

30) 23/147 f. (12.6.1889).

31) Kowalewskaja an Mendelson 13.6.1886, in: 21/605.

32) 35/296.

33) Zu den diesbezüglichen Schwierigkeiten ausführlich 37/217 f.

Die späteren mathematischen Arbeiten Kowalewskajas

1) Vgl. 118.

2) Vgl. 5b.

3) Vgl. 5c.

4) Vgl. 5a; mit ziemlicher Sicherheit falsch dargestellt sind die Zusammenhänge in 33/73.

5) 141. Seine Entdeckung, daß Kowalewskajas Arbeit einen Fehler enthielt, teilte er Mittag-Leffler brieflich am 3.6.1891 mit, vgl. dessen teilweise Wiedergabe in 93/173 f.

6) Daß Weierstraß und Runge Kowalewskajas Arbeit Korrektur lasen, behauptet 93/136, allerdings ohne Beleg.

7) Die erste Hälfte von Kowalewskajas Arbeit besteht in der Darlegung von Weierstraß' Methode.

8) Vgl. Anm. 5).

9) Auszug aus der Bekanntgabe des Preisträgers und Kommentars der Arbeit in den Comptes rendus 57, 1888, S. 1036, 1042.

10) In unseren Ausführungen, speziell denen des fachwissenschaftlichen Teils, beziehen wir uns auf die Arbeit, für die Kowalewskaja den Prix Bordin erhielt, vgl. 8.

11) Neben der in Anmerkung 10) genannten Arbeit widmete Kowalewskaja dem Rotationsproblem noch zwei weitere Arbeiten, in denen sie die Wettbewerbsergebnisse resümierte bzw. einige Aspekte vertiefte, die ansonsten für unsere Zwecke unerheblich sind, vgl. 6 und 7.

12) Vgl. 131 – Roger Liouville ist nicht zu verwechseln mit dem berühmten Gründer des Liouvilleschen Journals, Joseph Liouville (1809 – 1882).

13) Vgl. 106; 107; 105/2. Reihe, Bde. IV und V.

14) In der heutigen und im Text verwandten Form gehen sie allerdings zurück auf 110.

15) In 107.

16) 119/2.Teil, Abschnitt 9, Paragraph 3, Absatz 34 ff.

17) Auf Poinsot geht das Trägheitsellipsoid zurück, vgl. 135.

18) Vgl. 115.

19) 142 Bd. 6, Kap. 24 – 29.

20) Kowalewskaja an Mittag-Leffler 21.9.1881, in 20/30 f.; 93/95 f.

21) Dito.

22) Dito.

23) Kowalewskaja an Mittag-Leffler 28.12.1884, in 20/77-79; 48b/293, hier allerdings unter dem 29.12.

24) Undatierter Brief an Mittag-Leffler, nach 20/145 Anfang 1887, nach 93/110 – wohl fälschlich – Anfang 1886.

25) Vgl. hierzu 138.

26) Markow wollte mit seiner Kritik vor allem Tschebyschew, den Freund und Bewunderer Kowalewskajas, treffen, wie aus einem (undatierten) Brief Markows an Ljapunow hervorgeht (in 48b/301).

27) Vgl. 132.

28) In 92 versuchte der junge Russe G.G. Appel'rot bereits 1892, Kowalewskajas Ehre zu retten. Doch Markow nahm – zu Recht – Appel'rots Resultate nicht ernst.

29) Z.B. 137; 139; 117. Weitere Literatur in 48b/335.

30) Z.B. 116.

31) Siehe Anm. 12).

32) Siehe das vierbändige Großwerk 136.

33) Z.B. 101; 130/265 ff.

34) So 131/239.

35) Skizzen von Zhukowskij in: 98/242.

Letzte Jahre in Stockholm

1) 45/389.

2) 57/844.

3) Zit. nach 37/231.

4) 14e/XI u.a.

5) 18/I (Vorwort der Übersetzerin).

6) Besonders 37/263 – 265.

7) Insgesamt 48b/227 ff.; auch 36/30; 41/97 f.

8 21/597.

9) Besonders 35/305 – 307.

10) 41/108.

11) 50/295.

12) 57/841; auch 32/231; dagegen 41/101.

13) 50/295.

14) Vgl. 35/240.

15) 36/32.

16) 45/387.

17) Zit. nach 48b/282.

18) 36/51.

19) 32/231; 62/338; 36/51; 48b/280.

20) 48b/255.

21) Vgl. 45.

22) 41/116 f.; auch 48b/284 – 286.

23) Zum Ende Kowalewskajas vgl. besonders 36/32 f.; 35/312 ff.; 48b/280 ff.; 37/232 ff.

24) 36/33.

25) Vgl. 35/316 f.; 36/34; 25/411; 37/236 (Anm. 72).

Was bleibt?

1) 36/35 ff.; 30/328 ff.

2) 44/48, 171, (VI). – Zu den törichten Auslassungen der frühen Zeit, z.T. mit Bezug auf Marholm, gehören auch 31 und 47

3) Ein sorgfältig gemachter Ausstellungskatalog über „St. Petersburg um 1800" fand es 1990 nicht der Erwähnung wert, daß ihr Großvater Fedor F. Schubert, der im Katalog bedacht ist (180/151 f.), eine einstmals berühmte Enkelin hatte.

4) 23/147 (12.6.1889).

5) 77/120.

6) Einmal mehr 21/608.

7) 41/48; 30/329.

8) 27/372. Immer wieder stand sie unter (männlicher) Anleitung: durch den Vater, Wladimir, Weierstraß, Mittag-Leffler.

9) 11b/1391.

10) 48b/108; auch 36/21.

11) 163/218 f.

12) 14b/75.

13) 160/4 f.

14) 163/218.

15) 11b/1357.

16) Vgl. 81/678 f., 686.

17) Was nicht heißen soll, daß sie etwa nicht wissenschaftlich selbständig hätte arbeiten können! Vgl. 90/204 f.

18) 37/167, 184.

19) Ebenda/258.

20) 24/263; 37/167.

21) 37/XIII – XV, 64 f.

22) Als kleines Beispiel unter vielen wäre zu erwähnen, daß sie, die eine gute Auffassungsgabe für Fremdsprachen hatte, rasch eine solche zur Hälfte lernte, sie aber nie wirklich gut beherrschte, weder das Deutsche noch das Schwedische.

23) 37/125 f.

24) Vgl. ebenda/173, Anm. 50.

25) Vgl. ebenda/174; 60/199 f.

26) 24/283 f.; 37/188 f.

27) 37/159, 162, 174.

28) An Marie Mendelson, in ebenda/166.

29) 42/58.

30) 79/146.

Literaturverzeichnis

Vorbemerkungen

– Das folgende Verzeichnis erhebt keinen Anspruch auf Vollständigkeit, wohl aber auf Repräsentativität. Bevorzugt berücksichtigt wurde für den deutschen Leser relativ leicht zugängliche Literatur.

– Die Schreibung des Namens Kowalewskajas erfolgt auf vielfältige Weisen. Im folgenden wird natürlich die jeweilige Schreibung der zitierten Autoren übernommen.

1 Quellen

1.1 Mathematische Werke Kowalewskajas

1 *Nauchnije Rabotij.* Hg. von Pelageja J. Polubarinowa-Kotschina, Moskau 1974 (erstmals 1948).

2 *Zur Theorie der partiellen Differentialgleichungen,* in: Journal für die reine und angewandte Mathematik Bd. 80, 1875, S. 1 – 32.

3 *Über die Reduction einer bestimmten Klasse Abel'scher Integrale 3ten Ranges auf elliptische Integrale,* in: Acta Mathematica Bd. 4, 1884, S. 393 – 414.

4 *Zusätze und Bemerkungen zu Laplace's Untersuchung über die Gestalt der Saturnsringe,* in: Astronomische Nachrichten Bd. 111, 1885, S. 37 – 48.

5a-c *Über die Brechung des Lichtes in cristallinischen Mitteln,* in: Acta Mathematica Bd. 6, 1885, S. 249 – 304 (frz.: *Sur la propagation de la lumière dans un milieu cristallisé,* in: Comptes rendus des séances de l'académie des sciences Bd. 98, 1884, S. 356 – 357 (Zusammenfassung der Ergebnisse) – schwed.: *Om ljusets fortplantning uti ett kristalliniskt medium,* in: Ofversigt af Kongl. Vetenskaps-Akademiens Förhandlingar Bd. 41, 1884, S. 119 – 121 (Zusammenfassung der Ergebnisse).

6 *Sur le problème de la rotation d'un corps solide autour d'un point fixe,* in: Acta Mathematica Bd. 12, 1889, S. 177 – 232.

7 *Sur une propriété du système d'équations différentielles qui définit la rotation d'un corps solide autour d'un point fixe,* in: Acta Mathematica Bd. 14, 1890, S. 81 – 93.

8 *Mémoire sur un cas particulier du problème de la rotation d'un corps pesant autour d'un point fixe, où l'intégration s'effectue à l'aide de fonctions ultraelliptiques du temps,* in: Mémoires présentés par divers savants à l'académie des sciences de l'institut national de France, Bd. 31, 1890, S. 1 – 62.

9 *Sur un théorème de M. Bruns,* in: Acta Mathematica Bd. 15, 1891, S. 45 – 52.

1.2 Literarische Werke Kowalewskajas

10 *Wospominanija-powesti.* Hg. von P.J. Kotschina, Moskau 1974.

11a-b *Wospominanija o Dzhorzhe Elliote,* in: Russkaja Mysl' 6/1886, S. 93 – 108. – dt.: *Erinnerungen an George Eliot,* in: Das Magazin für Litteratur, 65. Jg. 1896, Nr. 44/45, S. 1354 – 1361, 1389 – 1395.

12a-b *Kampen för lyckan* (zusammen mit Anne-Charlotte Leffler unter dem Pseudonym „Korwin-Leffler"), Stockholm 1887 (russ.: 1892).

13 *W bol' nitse La Charité / W bol' nitse La Salpêtrière,* in: Russkije wedomosti, 28. Oktober / 1. November 1888 (unter dem Pseudonym Sophie Niron).

14a-e *Ur ryska lifvet.* Systrarna Rajevski, Stockholm 1889 – dt.: Sonja Kowalewski: *Jugenderinnerungen,* übersetzt von Louise Flachs-Fokschaneanu, erstmals
1897, zuletzt Frankfurt/M. 3. Aufl. 1968 – frz.: *Souvenirs d'enfance de Sophie Kovalevsky, écrits par elle-même et suivis de sa biographie par Mme.
A. Charlotte Leffler duchesse de Cajanello,* Paris 1895 – russ.: Westnik Europij 1894 – engl.: *A Russian Childhood.* Translated, Edited and Introduced
by Beatrice Stillman, New York – Heidelberg – Berlin 1978.

15a-b *Tri dnija w krest' yanskom uniwersitete v Shwetsij,* in: Sewernij westnik
11/1890, S. 133 – 161. – dt.: *Drei Tage an einer Bauern-Universität,* in:
Neue deutsche Rundschau (Freie Bühne), VII. Jg. 1896, S. 1171 – 1188.

16a-c *Autobiografitschkij rasskass,* in: Russkaja starina 72/11, 1891, S. 450 – 463.
– dt.: *Autobiographische Skizze,* in: Deutsche Rundschau. Hg. von Julius Ro-
denberg, Bd. CVIII, Juli – September 1901, S. 118 – 126. - engl.: *An Autobio-
graphical Sketch,* in: Sofya Kovalevskaya: A Russian Childhood. Translated,
Edited and Introduced by Beatrice Stillman, New York – Heidelberg – Berlin
1978, S. 213 – 229.

17a-b *Vae Victis,* in: Sewernij westnik 4/1892, S. 237 – 245 (schwedisch: u.a. Jul
almanack 1889).

18a-b *Die Nihilistin.* Roman von Sonja Kowalewska, übersetzt von Louise Flachs-
Fokschaneanu, Wien – Leipzig – Berlin – Stuttgart 1896 (erstmals schwedisch:
Vera Vorontzoff. Berättelse ur ryska lifvet, Stockholm 1892).

NB.   Ein ausführlicheres, aber sehr unübersichtliches Verzeichnis der literarischen
Werke Kowalewskajas in 47a/292 f. bzw. 47b/326 – 328; die populärwis-
senschaftlichen Zeitschriftenaufsätze und Theaterkritiken der Jahre 1876/77
ebenda S. 291 f. bzw. 325 f.

1.3 Briefe

19   Juškovič, Adolf Pavlovič: *Georg Cantor und Sof'ja Kovalevskaya,* in: Ost
und West in der Geschichte des Denkens und der kulturellen Beziehungen.
Festschrift für Eduard Winter zum 70. Geburtstag. Hg. von Wolfgang Steinitz
u.a., Berlin (Ost) 1966, S. 683 – 688.

20   Ders. (Hg.): *Perepiska S. W. Kowalewskoij i G. Mittag-Lefflera* (Nautschnoje
Nasledstwo. Tom Sedmoi), Moskau 1984.

21   Mendelson, Marie (Hg'.): *Briefe von Sophie Kowalewska,* in: Neue deutsche
Rundschau (Freie Bühne), VIII. Jg. 1897, S. 589 – 614.

22   Polubarinowa-Kotschina, Pelageja J. (Hg'.): *Pisma Ch. Ermita k S. W. Kowalewskaja,* in: Institut Istorij Estest wozuanija i Techniki 19/1957, S. 650 –
689.

23   Dies. (Hg'.): *Briefe von Karl Weierstraß an Sofie Kowalewskaja 1871 bis
1891,* Moskau 1973 – Neuausgabe von R. Bölling in Vorbereitung.

2   Darstellungen

2.1 Lebensdarstellungen – Biographische Skizzen – Erinnerungen

24   *S. W. Kowalewskaja. Wospominanija i pis'ma.* Hg. von S. Ja. Straikh, Moskau
2. Aufl. 1961 (erstmals 1951).

25   Adelung, Sophie von: *Jugenderinnerungen an Sophie Kowalewsky,* in: Deutsche Rundschau LXXXIX, Oktober – Dezember 1896, S. 394 bis 425.

26   Alic, Margaret: *Das mathematische Denkvermögen: Die Geschichte der Sonja Kowalewski*, in: Dies., Hypatias Töchter. Der verleugnete Anteil der Frauen an der Naturwissenschaft, Zürich 1987, S. 181 bis 193.

27   Barine, Arvède: *La rançon de la gloire. Sophie Kovalevsky*, in: Revue des deux mondes 123, 1894/III, S. 348 – 382.

28   Bell, Eric Temple: *Master and Pupil. Weierstrass and Sonja Kowalewski*, in: Ders., Men of Mathematics, New York 1937, S. 406 – 432.

29   Bölling, Reinhard: *...Deine Sonia: A Reading from a Burned Letter*, in: The Mathematical Intelligencer 14/3, 1992, S. 24 – 30.

30   Brandes, Georg: *Gesammelte Schriften* (5 Bde.), Bd. 4: *Skandinavische Persönlichkeiten*. Dritter Teil / *Französische Persönlichkeiten*, München 1903, S. 317 – 324, 328 – 340.

31   Broicher, Charlotte: *Sonia Kovalevsky, in Beziehung zur Frauenfrage*, in: Preußische Jahrbücher 84, 1896, S. 1 – 18.

32   Bunsen, Marie von: *Sonja Kowalevsky. Eine biographische Skizze*, in: Westermanns Illustrierte Deutsche Monatshefte, Mai 1897, S. 218 bis 232.

33   Halameisär, Alexander: *Sofia Kowalewskaja. Die erste Professorin Europas*, Moskau 1989.

34   Hapgood, Isabel F.: *Notable Women: Son'ya Kovalevsky*, in: Century Magazine 50, 1895, S. 536 – 539.

35   Kennedy, Don H.: *Little Sparrow. A Portrait of Sophia Kovalevsky*, Athens (Ohio) – London 1983.

36   Key, Ellen: *Sonja Kovalevska*, in: Dies., Drei Frauenschicksale, Berlin 1908, S. 7 – 69.

37   Koblitz, Ann Hibner: *A Convergence of Lives. Sofia Kovalevskaia: Scientist, Writer, Revolutionary*, Boston – Basel – Stuttgart 1983.

38   Dies.: *Sofia Vasilevna Kovalevskaia (1850 – 1891)*, in: Grinstein, Louise und Paul J. Campbell (Hg.): Women of Mathematics, New York – Westport – London 1987, S. 103 – 113.

39   Korwin-Krukowskij, Fedor Wassiljewitsch: *Sofia Wassiljewna Korwin-Krukowskaja*, in: Russkaja starina 71/9, 1891, S. 623 – 636.

40   Kronecker, Leopold: *Sophie von Kowalevsky*, in: Crelle's Journal 108, 1891, S. 88.

41   Leffler, (Anne-) Charlotte: *Sonja Kowalewsky. II. Teil. Was ich mit ihr zusammen erlebt und was sie mir von sich erzählt hat*. Deutsch von L. Wolf, Halle a.d. Saale o.J. (1896).

42   Litwinowa, Elisaweta Fedorowna: *S.W. Kowalewskaja: zhenshchina-matematik*, Petersburg 1894.

43   Malewitsch, Joseph Ignatjewitsch: *Sofia Wassiljewna Kowalewskaja, doktor filosofij i professor wysheij matematiki – w wospominijak perwogo, po wremeni eja uchitelia I. I. Malewitscha, 1858 – 1868*, in: Russkaja starina 12/1890, S. 615 – 654.

44   Marholm, Laura: *Zeitopfer: Sonja Kowalewska*, in: Dies., Das Buch der Frauen. Zeitpsychologische Porträts, Paris und Leipzig 2. Aufl. 1895, S. 149 – 204.

45   Mittag-Leffler, Gösta: *Sophie Kovalevsky. Notice biographique*, in: Acta Mathematica 16, 1892/93, S. 385 – 392.

46   Ders., *Weierstrass et Sonja Kowalewsky*, in: Acta Mathematica 39, 1923, S. 133 – 198.

47   Natkowski, Waclaw: *Das Tagebuch der Kowalewska*, in: Wiener Rundschau 15, 1901, S. 32 – 39.

48a-b Polubarinowa-Kotschina, Pelageja Ja.: *Sofia Wassiljewna Kowalewskaja 1850 – 1891*, Moskau 1981 (engl.: *Love and Mathematics: Sofya Kovalevskaya*, Moskau 1985).

49   Siemsen, Anna: *Sonja Kowalewski*, in: Dies., Der Weg ins Freie, Zürich 1943, S. 328 – 330.

50   Stillman, Beatrice: *Sofya Kovalevskaya: Growing up in the Sixties*, in: Russian Literature Triquaterly 9/1974, S. 276 – 302.

51   Dies.: *Introduction*, in: Sofya Kovalevskaya. A Russian Childhood. Translated, Edited and Introduced by Beatrice Stillman, New York – Heidelberg – Berlin 1978, S. 1 – 45.

52   Straikh, S. Ia.: *Dostojewskij i sestrij Korwin-Krukowskij*, in: Krasnaja now' 7/1931, S. 144 – 150.

53   Dies.: *Sestrij Korwin-Krukowskij*, Moskau 1933.

54   Dies.: *S. Kowalewskaja*, Moskau 1935.

55   Stuby, Anna Maria: *Sofja Kowalevskaja: ‚Prinzessin der Naturwissenschaften‘. Ein Beitrag zur Entheroisierung*, in: Feministische Studien 1/1985, S. 87 – 106.

56   Tee, Gary J.: *Sof'ya Vasil'yevna Kovalevskaya*, in: Mathematical Chronicle 5/1977, S. 113 – 139.

57   Vollmar, Georg: *Sonja Kowalewski*, in: Neue Zeit 1891/1, S. 841 – 845.

58   Winter, Christa: *Integral im Kinderzimmer. Sophie Kovalevsky*, in: Mirus, Helma und Erika Wisselinck (Hg.'): Mit Mut und Phantasie. Frauen suchen ihre verlorene Geschichte, Straßlach 1987, S. 105 – 107.

59   Woronzowa, Liubowa A.: *Sofia Kowalewskaja*, Moskau 1957.

60   Zwölfer, Almut: *Sonja Kowalevskaja: Mathematikerin und Feministin*, in: Dies. und Annette Grabosch (Hg.'): Frauen und Mathematik. Die allmΞhliche Rückeroberung der NormalitΞt?, Tübingen 1992, S. 177 – 211.

2.2 Romane

61   Hofer, Clara: *Sonja Kowalewsky. Die Geschichte einer geistigen Frau*, Stuttgart – Berlin 1928.

62   Rachmanowa, Alja: *Sonja Kowalewski. Leben und Liebe einer gelehrten Frau*, Zürich 1950.

2.3 Film

63   *Berget pa manens baksida (Ein Berg auf der Rückseite des Mondes)*. Schweden 1983. Regie: Lennart Hjulström (ZDF 1989). – Ein weiterer, russischer Spielfilm im DFF gelaufen.

2.4 Russische Gesellschaftsromane mit Bezügen zur Lebenswelt oder zur Biographie Kowalewskajas

64   Dostojewskij, Fedor Michailowitsch: *Schuld und Sühne*.

65   Ders., *Der Idiot*.

66   Ders., *Die Dämonen*.

67   Ders., *Die Brüder Karamasow*.

68   Tschernyschewskij, Nikolaij Gawrilowitsch: *Was tun?*

69   Turgenjew, Iwan Sergejewitsch: *Väter und Söhne*.

70   Ders., *Neuland*.

2.5 Von Kowalewskaja gehaltene Vorlesungen an der Universität Stockholm nach Mittag-Leffler

71

— Theorie partieller Differentialgleichungen (Herbst 1884).

— Theorie Algebraischer Funktionen nach Weierstraß (F. 1885).

— Elementare Algebra (F. 1885).

— Theorie Abelscher Funktionen nach Weierstraß (H. 1885 – F. 1887).

— Theorie der Potentialfunktionen (F. 1886).

— Theorie der Bewegung eines starren Körpers (H. 1886 und F. 1887).

— Durch Differentialgleichungen definierte Kurven nach Poincaré (H. 1887 und F. 1888).

— Theorie der Theta-Funktionen nach Weierstraß (F. 1888).

— Anwendungen der Theorie elliptischer Funktionen (H. 1888).

— Theorie elliptischer Funktionen nach Weierstraß (H. 1889).

— Theorie partieller Differentialgleichungen (F. 1890).

— Anwendungen analytischer Methoden auf die Theorie der ganzen Zahlen (H. 1890).

2.6 Darstellungen zum Umfeld Kowalewskajas

72 Appell, Paul: Henri Poincaré, Paris 1925.

73 Behnke, Heinrich und Klaus Kopfermann (Hg.): Festschrift zur Gedächtnisfeier für Karl Weierstraß 1815 – 1965, Köln und Opladen 1965.

74 Bohlin, Karl: Hugo Gyldén. Ein biographischer Umriss nebst einigen Bemerkungen über seine wissenschaftlichen Methoden, in: Acta Mathematica 20, 1896/97, S. 397 – 404.

75 Cross, J.W.: George Eliot's Life as Related in Her Letters and Journals, Bd. III, Boston 1895.

76 Domar, Yngve: On the foundation of Acta Mathematica, in: Acta Mathematica 148/149, 1982, S. 3 – 8.

77 Frostman, Otto: Aus dem Briefwechsel von G. Mittag-Leffler, in: Behnke, Heinrich und Klaus Kopfermann (Hg.): Festschrift zur Gedächtnisfeier für Karl Weierstraß 1815 – 1965, Köln und Opladen 1965, S. 53 – 56.

78 Iwanowskij, I.: Maxim Maximowitsch Kowalewskij. Biografičeskij ocherk, Petersburg 1916.

79 Key, Ellen: Anne Charlotte Leffler, Duchessa di Cajanello, in: Dies.: Drei Frauenschicksale, Berlin 1908, S. 71 – 174.

80 Koblitz, Ann Hibner: Elizaveta Fedorovna Litvinova, in: Grinstein, Louise S. und Paul J. Campbell (Hg.): Women of Mathematics, New York – Westport – London 1987, S. 129 – 134.

81 Kovalevsky, Evgraf: Maxim Kovalevsky, in: The Slavonic and Eastern European Review 16, 1937/38, S. 678 – 686.

82 Marholm, Laura: Eine Vorkämpferin: Anne-Charlotte Edgren-Leffler, Herzogin von Cajanello, in: Dies.: Das Buch der Frauen. Zeitpsychologische Porträts, Paris und Leipzig 2. Aufl. 1895, S. 41 – 70.

83 Mittag-Leffler, Gösta: Die ersten 40 Jahre des Lebens von Weierstraß, in: Acta Mathematica 39, 1923, S. 1 – 57.

84   Musabekow, Ju. S.: *Julia Wsewolodowna Lermontowa 1846 - 1919*, Moskau
      1967.
85   Nörlund, N.E.: *G. Mittag-Leffler*, in: Acta Mathematica 50, 1927, S. I - XXIII.
86   *Pamiati S.W. Kowalewskoij: sbornik stateij*, Moskau 1951.
87   Polubarinowa-Kotschina, Pelageja J.: *Nikolaj Ewgrafowitsch Kotschin 1901
      - 1944*, Moskau 1979.
88   Pomper, Philip: *Peter Lavrov and the Russian Revolutionary Movement*, Chi-
      cago 1972.
89   Prudnikow, W.E.: *Pafnutij Lwowitsch Tschebyschew 1821 - 1894*, Leningrad
      1976.
90   Weierstraß, Karl: *Briefe an Paul du Bois-Reymond, L. Koenigsberger und L.
      Fuchs*, in: Acta Mathematica 39, 1923, S. 199 - 239, 246 - 256.
91   Weil, André: *Mittag-Leffler as I remember him*, in: Acta Mathematica
      148/149, 1982, S. 9 - 13.

2.7   Darstellungen zur Mathematik Kowalewskajas.

92   Appel'rot, G.G.: *Po pobodu §1 memjara S. W. Kowalewskoy: „Sur le problème
      de la rotation d'un corps solide autour d'un point fixe"*, in: Matematicheskij
      sbornik 16/3, 1892, S. 487 - 507.
93   Cooke, Roger: *The Mathematics of Sonya Kovalevskaya*, New York - Berlin
      - Heidelberg - Tokio 1984.
94   Geronimus, J.L.: *Sofja Wassiljewna Kowalewskaja (1850 - 1891). Mathema-
      tische Berechnung der Kreiselbewegung*, Berlin 1954 (russ. Moskau 1952).
95   Golubew, W.W.: *Leksij po integrirowaniju urawnenij dwizhenija tyazhelogo
      twerdogo tela okolo nepodwizhnoy tochki*, Moskau 1953.
96   Kharlamow, P.W.: *Dwizhenije giroskopa S.W. Kowalewskoy w sluchaye B.K.
      Mlodzeewskogo*, in: Ders.: Mekhanika twerdogo tela, Kiew 1975.
97   Oleinik, O.A.: *Teorema S.W. Kowalewskoy i ee rol'w sowremennoy teorij
      urawnenij s chastnymi proizwodnymi*, in: Matematika w shkole 1976, S. 5 -
      9.
98   Polubarinowa-Kotschina, Pelageja Ja.: *On the Scientific Work of Sofya Ko-
      valevskaya*, in: Sofya Kovalevskaya: A Russian Childhood. Translated, Edited
      and Introduced by Beatrice Stillman, New York - Heidelberg - Berlin 1978,
      S. 231 - 248.
99   Rappaport, Karen D.: *S. Kovalevsky: A Mathematical Lesson*, in: American
      Mathematical Monthly 88/8, 1981, S. 564 - 574.

2.8   Weitere grundlegende mathematische Fachliteratur

100   Abel, N.H.: *Œuvres complètes* (2 Bde.), Christiania 1881 (Reprint New York
      1965).
101   Adler, M. und P. van Moerbeke: *Kowalewski's asymptotic method, Kac-
      Moody Lie algebras and regularization*, in: Communications in Mathematical
      Physics 83, 1982, S. 83 - 106.
102   Bruns, H.: *De proprietate quadam functionis potentialis corporum homoge-
      neorum*, Diss. Berlin 1871.
103   Ders.: *Über die Integrale des Vielkörperproblems*, in: Acta Mathematica 11,
      1888, S. 25 - 96.
104   Cauchy, A.L.: *Œuvres complètes* (27 Bde. in 2 Reihen), Paris 1882 bis 1974.

105 Euler, L.: *Opera omnia* (3 Reihen), Leipzig – Berlin – Zürich 1911 bis 1976.

106 Ders.: *Mechanica, sive Motus scientia analytice exposita*, Petersburger Akademie der Wissenschaften 1736.

107 Ders.: *Du mouvement de rotation des corps solides autour d'un axe variable*, in: Mémoires de l'Académie des Sciences de Berlin 14, 1758, S. 154 – 193.

108 Gennocchi, H.: *Observations relatives à une communication précédente de M. Darboux*, in: Comptes rendus 80, 1875, S. 315 f..

109 Hammerstein, A.: *Nichtlineare Integralgleichungen nebst Anwendungen*, in: Acta Mathematica 54, 1930, S. 117 – 176.

110 Hayward, R.B.: *On a direct method of estimating velocities, accelerations, and all similar quantities with respect to axes movable in any manner in space*, in: Transactions of the Cambridge Philosophical Society 10, 1858, S. 1 – 22.

111 Hermite, Ch.: *Œuvres* (4 Bde.), hg. von Emile Picard, Paris 1905 bis 1917.

112 Ders.: *Empfehlungsschreiben für Kowalewskaja vom 22. März 1886 und 21. Mai 1889*, Institut Mittag-Leffler.

113 Jacobi, C.G.: *Gesammelte Werke* (7 Bde.), Berlin 1881 – 1891.

114 Ders.: *De investigando ordine systematis differentialium vulgarium cujuscunque*, in: Journal für die reine und angewandte Mathematik 64, 1865, S. 297 – 320.

115 Ders.: *Sur la rotation d'un corps*, in: ebenda Bd. 39, 1849, S. 293 bis 350; in: Comptes rendus 29, 1849, S. 97 – 106; in: Liouville's Journal 14, 1849, S. 337 – 344.

116 Kharamow, P.W.: *Kinematicheskoe istolkowanie dv'zhenija tela, imeinshchego nepoddvzhnuik tochku*, in: Prikladnaja Matematika i Mekhanika 28, 1964, S. 502 – 507.

117 Kharamowa, E.I.: *Adin tschastnyj słutschaj integrirujemosti urawnienij Ejlera-Puassona*, in: Dokladij AN SSSR 125/5, 1959, S. 996 f.

118 Koenigsberger, L.: *Über die Transformation des zweiten Grades für die abelschen Functionen zweiter Ordnung*, in: Journal für die reine und angewandte Mathematik 67,1867, S. 58 – 77.

119 Lagrange, J.: *Mécanique Analytique*. Nouvelle Edition (2 Bde.), Paris 1811 – 1815.

120 Lamé, G.: *Leçons sur la théorie de l'élasticité des corps solides*, Paris 2. Aufl. 1866.

121 Laplace, P.S.: *Exposition du système du monde*, Paris 1796.

122 Ders.: *Traité de Mécanique céleste* (5 Bde.), Paris 1798 – 1825.

123 Ders.: *Mémoire sur un théorème fondamental dans le calcul intégrale*, in: Comptes rendus de l'Académie des Sciences 14/1842, S. 1020 bis 1026.

124 Ders.: *Mémoire sur l'emploi du nouveau calcul des limites dans l'intégration d'un système d'équations différentielles*, in: Comptes rendus 15, 1842, S. 14 – 25.

125 Ders.: *Mémoire sur l'emploi de calcul des limites dans l'intégration des équations aux dérivées partielles*, in: ebenda, S. 44 – 59.

126 Ders.: *Mémoire sur l'application du calcul des limites à l'intégration d'un système d'équations aux dérivées partielles*, in: ebenda, S. 85 bis 101.

127 Ders.: *Mémoire sur les systèmes d'équations aux dérivées partielles d'ordre quelconque, et sur leur réduction à des systèmes d'équations linéaires du premier ordre*, in: ebenda, S. 131 – 138.

128   Ders.: *Essai philosophique sur les probabilités* (Deutsche Fassung im 233. Bd. von Ostwald's Klassikern, Leipzig 1932).

129   Ders.: *Théorie analytique des probabilités*, Courcier 1812.

130   Libermann, P. und Ch. M. Marle: *Symplectic Geometry and Analytical Dynamics*, Dordrecht 1987.

131   Liouville, R.: *Sur le mouvement d'un corps solide pesant suspendu par l'un de ses points*, in: Acta Mathematica 20, 1897, S. 239 – 284.

132   Ljapunow, A.: *Ob odnem swoistwe differentialnech urawnenij sadatschi o dwsischenij tjaschelowo twerdowo tela, imejuschtewa nepodwischnuju totschku*, in: Swobschenia Khar'kowskago Matematicheskago Obschchestwa 2/4, 1894, S. 123 – 140.

133   Maxwell, J.C.: *On the stability of the motion of Saturn's rings*, in: Astronomical Society of London, Monthly Notices 19, 1859, S. 297 bis 304.

134   Poincaré, H.: *Sur le problème des trois corps et les équations de la dynamique*, in: Acta Mathematica 13, 1890, S. 26 ff.

135   Poinsot, L.: *Théorie nouvelle de la rotation des corps*. Présentée à l'Institut, Paris 1833.

136   Sommerfeld, A. und F. Klein: *Theorie des Kreisels* (4 Bde.), Leipzig 1897 – 1910.

137   Steklow, W.A.: *Nowoe tschastnoe reschenie differentialnech urawnenij dwischenia tjaschelowo twerdowo tela, umejuschtschewo nepodwischnuju totschku*, in: Trudij Otd. Fiz. Nauk Ob-wa lyubitelej estestwoznanija 10/1, 1899, S. 1 – 3.

138   Taylor, Michael: *Modern Dynamics and Classical Analysis*, in: Nature 310, 1984, S. 276 – 302.

139   Tschaplygin, S.A.: *Nowyj słutschai wraschtschenija tjaschełowo twierdowo tieła, podpiertowo w odnoj totschkie*, in: Trudij Otdelenija Fiziceskich Nauk Obscestwa lyubitelej estestwoznanija 10/2, 1901, S. 32 bis 34.

140   Volterra, V.: *Brief an Mittag-Leffler vom 3. Juni 1891*, Institut Mittag-Leffler.

141   Ders.: *Sur les vibrations lumineuses dans les milieux biréfringents*, in: Acta Mathematica 16, 1892, S. 153 – 206.

142   Weierstraß, K.: *Mathematische Werke* (7 Bde.), Berlin 1894 – 1927.

2.9   Sonstige mathematische und mathematikgeschichtliche Darstellungen

143   Arnol'd, V.I.: *Geometrische Methoden in der Theorie der gewöhnlichen Differentialgleichungen*, Berlin 1987.

144   Ders.: *Mathematische Methoden der klassischen Mechanik*, Basel 1988.

145   Bourbaki, N.: *Elements d'histoire des mathématiques*, Paris 1960.

146   Boyer, C.B.: *A History of Mathematics*, New York 1968.

147   Conforto, F.: *Abelsche Funktionen und algebraische Geometrie*, Göttingen – Heidelberg – Berlin 1956.

148   Curtis, W.D. und F.R. Miller: *Differential Manifolds and Theoretical Physics*, San Diego 1985.

149   Davis, P.J. und R. Hersh: *Erfahrung Mathematik*, Basel 1985.

150   Dieudonné, J.: *Geschichte der Mathematik 1700 – 1900. Ein Abriß*, Braunschweig – Wiesbaden 1985.

151   Friedman, A.: *Partial Differential Equations*, Holt – Risehart – Winston 1969.

152 Griffiths, Ph. und J. Harris: *Principles of Algebraic Geometry*, New York 1978.

153 Hurwitz, A. und R. Courant: *Vorlesungen über allgemeine Funktionentheorie und elliptische Funktionen*, 4. Aufl. New York – Heidelberg – Berlin – Göttingen 1964.

154 Igusa, J.: *Theta Functions*, New York – Heidelberg – Berlin 1972.

155 Jelitto, R.: *Theoretische Physik 1 und 2 (Mechanik)*, Wiesbaden 1983.

156 John, F.: *Partial Differential Equations*, New York – Heidelberg – Berlin 1971.

157 Kaup, L. und B.: *Holomorphic Functions of Several Variables*, Berlin 1983.

158 Klein, Felix: *Vorlesungen über die Entwicklung der Mathematik im 19. Jahrhundert* (2 Bde.), Berlin 1926.

159 Krazer, A. und W. Wirtinger: *Abelsche Funktionen und allgemeine Thetafunktionen*, in: Enzyklopädie der mathematischen Wissenschaften II/7, Leipzig 1920, S. 604 – 873.

160 Mittag-Leffler, Gösta: *Entstehung und Entwicklung der internationalen und Skandinavischen Mathematikerkongresse*, in: Societas Scientiarum Fennica. Commentationes Physico – Mathematicae III. 6, 1926, S. 1 – 20.

161 Picard, Emile: *Sur le développement depuis un siècle de quelques théories fondamentales dans l'analyse mathématique. Conférences faites à Clark University (Etats-Unis), les 5, 6 et 7 juillets 1899*, Paris 1900.

162 Remmert, R.: *Funktionentheorie I*, Berlin 1984.

163 Russell, Bertrand: *Philosophie. Die Entwicklung meines Denkens*, übers. von Eberhard Bubser, Frankfurt/M. 1988.

164 Sternberg, S.: *Lectures on Differential Geometry*, Prentice Hall – New Jersey 1964.

165 Struik, D.J.: *Abriß der Geschichte der Mathematik*, Berlin 1980.

166 Werner, H. und H. Arndt: *Gewöhnliche Differentialgleichungen*, New York – Heidelberg – Berlin 1986.

3 Sonstige Quellen und Darstellungen

167 Düwel, Wolf u.a. (Hg.): *Geschichte der klassischen russischen Literatur*, Berlin – Weimar 1973.

168 Emmons, Terence: *The Russian Landed Gentry and the Peasant Emancipation of 1861*, Cambridge 1968.

169 Figner, Vera: *Memoirs of a Revolutionary*, New York 1927. – dt.: *Nacht über Rußland. Lebenserinnerungen einer russischen Revolutionärin*, u.a. Reinbek 1988.

170 Gosling, Nigel: *Nadar. Photograph berühmter Zeitgenossen*, München 1977.

171 Jansen, Reinhard: *Georg von Vollmar. Eine politische Biographie*, Düsseldorf 1958.

172 Key, Ellen: *Die Frauenbewegung* (= Die Gesellschaft. Sammlung sozialpsychologischer Monographien. Hg. von Martin Buber, Bd. 28/29), Frankfurt a.M. 1909.

173 Obolensky, Chloe und Max Hayward: *Das Alte Rußland. Ein Porträt in frühen Photographien 1850 – 1914*, München 1980.

174 Porter, Cathy: *Fathers and Daughters. Russian Women in Revolution*, London 1976.

175 Rimscha, Hans von: *Geschichte Rußlands*, Wiesbaden o.J. (1960).

176   Schmieding, Walther: *Aufstand der Töchter. Russische Revolutionärinnen im 19. Jahrhundert*, München 1979.

177   Schubert, Friedrich von: *Unter dem Doppeladler. Erinnerungen eines Deutschen im russischen Offiziersdienst 1789 – 1814*. Hg. und eingeleitet von Erik Amburger, Stuttgart 1962.

178   Stites, Richard: *The Women's Liberation Movement in Russia: Feminism, Nihilism, and Bolshevism 1860 – 1930*, Princeton 1978.

179   Stöckl, Günther: *Russische Geschichte*, Stuttgart 4. Aufl. 1983.

180   *St. Petersburg um 1800. Ein goldenes Zeitalter des russischen Zarenreichs.* Ausstellung der Kulturstiftung Ruhr in der Villa Hügel, Essen (Ausstellungskatalog), Recklinghausen 1990.

181   Ulam, Adam B.: *Rußlands gescheiterte Revolution. Von den Dekabristen bis zu den Dissidenten*, München 1985.

182   Zelinsky, Bodo (Hg.): *Der russische Roman*, Düsseldorf 1979.

*

Die Verfasser danken Frau Isolde Gottschlich und Herrn Armin Köllner (Bochum) für die unermüdliche Betreuung des Manuskripts. — W.T./P.H.

Abbildungsnachweis

Frontispitz:
Acta Mathematica 16, 1892–1893.

Abb. 1, 2, 3, 4, 5, 10, 11, 12, 18, 19:
Ann Hibner Koblitz: *A Convergence of Lives. Sofia Kovalevskaia: Scientist, Writer, Revolutionary*, Birkhäuser Verlag, Boston 1983.

Abb. 6, 7, 8, 9, 13, 14, 16, 17, 20, 21:
Pelageya Kochina: *Love and Mathematics: Sofya Kovalevskaya*, Mir Publishers, Moscow 1985.

Abb. 15:
Mathematics of the 19th *Century*, hg. von A.N. Kolmogorov, A.P. Yushkevich, Birkhäuser Verlag, Basel 1992.

Figur S. 130:
Sofya Kovalevskaya: A Russian Childhood. Translated, edited and introduced by Beatrice Stillmann, Springer-Verlag, New York, Heidelberg, Berlin 1978, S.242.

Chaos in der Mathematik: eine vergnüglich und populär geschriebene Einführung

Ian Stewart
Spielt Gott Roulette?
Chaos in der Mathematik

Chaotisch ist nach landläufiger Meinung, wer sich völlig unberechenbar verhält. Dies mag für viele Menschen zutreffen, aber Chaos in einer so logischen und gesetzmäßigen Disziplin wie der Mathematik?
Ian Stewart hat eine vergnüglich zu lesende Einführung zum Thema geschrieben. Reich illustriert, aufgelockert durch zahlreiche Beispiele aus der Natur, verfolgt das Buch die Geschichte dieses mathematischen Phänomens.
Stewarts Buch ist eine historisch orientierte, populäre Darstellung des Themas, das Benoît Mandelbrot systematisch und wissenschaftlich abgehandelt hat.

Aus dem Englischen von G. Menzel
326 Seiten mit 124 sw-Abbildungen
Gebunden
ISBN 3-7643-2399-X

Mathematik für Nichtmathematiker!

Keith Devlin
Sternstunden der modernen Mathematik
Berühmte Probleme und neue Lösungen

… «Einem ist es jetzt doch gelungen, Nichtmathematikern die Mathematik so nahezubringen, daß sie nicht nur begreifen können, worum es bei ihr geht, sondern daß sie auch die Fragen und Methoden der aktuellen Forschung kennenlernen …
Devlin bringt es fertig, selbst von solchen modernen Methoden, um die sich so mancher gestandene Mathematiker vergeblich bemüht hat, eine recht gute Vorstellung zu vermitteln. Und das gelingt ihm auf allen Gebieten …
Devlin treibt mit seinen Lesern Mathematik. Zumeist muß er die Probleme der modernen Mathematik, um die es ihm geht, aus der Geschichte herleiten, und hier erweist sich Devlin als wortgewandter Erzähler…
Dem Verlag sind noch viele weitere Auflagen dieses geschmackvoll gestalteten Buches zu wünschen.»
DIE ZEIT

Aus dem Englischen von D. Gerstner
328 Seiten mit 64 sw-Abbildungen
Gebunden
ISBN 3-7643-2379-5

Macht und Schönheit
der Mathematik: faszinierend
und spannend beschrieben

Ian Stewart
Mathematik
Probleme – Themen – Fragen

Noch immer wird die Mathematik von vielen als etwas Statisches, Abgeschlossenes angesehen. In diesem erstaunlich spannend geschriebenen Buch zeigt Ian Stewart, daß dies von der Wahrheit weit entfernt ist. Indem er viele der zentralen Probleme der Mathematik allgemeinverständlich erläutert, vermittelt er eine dunkle Ahnung von ihrer Macht und Schönheit. Er bespricht nicht nur so wohletablierte Gebiete wie nichteuklidische Geometrie, Primzahltheorie und Logik, sondern führt den Neuling auch in die Geheimnisse einiger modernerer Theorien ein: Katastrophentheorie, Fraktale, Chaostheorie, Wahrscheinlichkeitsrechnung und viele andere. Auf diese Weise ist Stewart das scheinbar Unmögliche gelungen: Er hat die Mathematik faszinierend und unterhaltsam gemacht.

Aus dem Englischen von G. Eisenreich
313 Seiten. Broschur
ISBN 3-7643-2208-X